Chimie
L'art de se poser les bonnes questions

Décryptage critique d'un texte scientifique

Ouvrage original :

A Question of Chemistry. Creative Problems for Critical Thinkers by John Garratt, Tina Overton, Terry Threlfall

Pour toute information sur notre fonds et les nouveautés dans votre domaine de spécialisation, consultez notre site web : http://www.deboeck.be

---

1re édition

Dépôt légal :
Bibliothèque Nationale, Paris : octobre 2000
Bibliothèque Royale Albert Ier, Bruxelles : 2000/0074/186

ISBN 2-7445-0106-9
ISSN 1376-2281

Imprimé en Belgique

sciences & méthodes

JOHN GARRATT
TINA OVERTON
TERRY THRELFALL

Chimie
L'art de se poser les bonnes questions

Décryptage critique d'un texte scientifique

Traduction de la 1re édition anglaise par Paul Depovere
Professeur à l'Université catholique de Louvain
Professeur associé à l'Université Laval (Québec)

De Boeck Université

Marc COUTURE, René-Paul FOURNIER (sous la direction de), *La recherche en sciences. Guide pratique pour les chercheurs*

Anne-Elizabeth DALCQ, Annick ENGLEBERT, Éric UYTTEBROUCK, Dan VAN RAEMDONCK, Bernadette WILMET, *Lire, comprendre, écrire le français scientifique. Avec exercices et corrigé*

John GARRATT, Tina OVERTON, Terry THRELFALL, *Chimie. L'art de se poser les bonnes questions. Décryptage crtitique d'un texte scientifique*

Jacques LIBOIS, *Guide des unités de mesure. Un mémento pour l'étudiant*

Jocelyne PAGÉ, Gilles BOISCLAIR, Richard MATHIEU, *Guide des sciences expérimentales. Méthodes et démarches*

Jacques TONNEAU, *Tables de chimie. Un mémento pour le laboratoire*

SOMMAIRE

INTRODUCTION

Ce livre a été conçu au départ d'une idée toute simple. Nous désirions apprendre à nos étudiants *comment* réfléchir et pas seulement *à quoi* réfléchir. Nous souhaitions que ceux-ci se rendent compte qu'apprendre à devenir un chimiste implique bien plus que l'assimilation de faits. La chimie n'est pas du tout (comme on l'entend souvent) « une accumulation de constatations expérimentales disparates ». Nous voudrions que nos étudiants en viennent à se poser des questions, à réfléchir de manière critique et dans un esprit créatif, en vue de se forger une opinion judicieuse. Nous nous sommes rendu compte que la plupart des problèmes qui sont présentés dans les livres proposent aux étudiants de retrouver la meilleure méthode (classique) qui permettra d'aboutir à la réponse correcte (annoncée d'emblée dans le texte). De telles sortes de problèmes renforcent malheureusement l'idée selon laquelle l'apprentissage de la chimie se réduit à regrouper des faits selon des normes préétablies. L'idée que se fait Bodner de la résolution des problèmes est tout à fait différente et correspond de très près à notre conception de ce que les chimistes sont censés être capables de faire :

> Résoudre un problème, c'est faire ce que vous faites quand vous ne savez pas quoi faire ; autrement, il ne s'agirait pas d'un problème. [1]

Nous avons également réalisé que pour donner à nos étudiants l'occasion d'apprendre *comment* raisonner, nous devions leur présenter d'autres sortes de problèmes ou d'exercices. C'est pourquoi, nous nous sommes attelés à la conception de tels sujets de réflexion et ce livre en est le résultat.

1. G Bodner, *J. Chem. Ed.*, **1986**, *63*, 873

La notion d'après laquelle la formation scientifique implique l'apprentissage de la manière de penser est tout aussi ancienne que la notion de formation elle-même : nous ne prétendons pas faire preuve d'originalité en désirant mettre une telle idée en pratique. Haldane présente ce point de vue comme suit :

La vraie mission des professeurs d'université est d'amener les gens à réfléchir. [1]

Haldane lui-même, ce penseur créatif passionné par la recherche de la quintessence des choses, avait des idées bien précises quant à la signification de la réflexion scientifique. Mais c'est la description de Feynman qui nous a séduits le plus :

La science est une manière d'enseigner... comment manipuler les doutes et les incertitudes, comment repérer les indices probants, comment concevoir l'ensemble d'une situation de manière à se faire une opinion judicieuse... [2]

Il s'agit ici d'un propos tenu vers les années 1950 par Feynman, irrité par des étudiants qui l'avaient profondément déçu en refusant, par timidité, de lui poser des questions. Nous ignorons si les méthodes pédagogiques de Feynman ont pu surmonter ce problème, mais ce que nous savons, c'est qu'il n'était pas le seul enseignant préoccupé par ce manque d'esprit de réflexion critique. Près de 20 années plus tard, de Bono faisait part de son inquiétude : l'apprentissage (et pas seulement celui de la science) était de plus en plus lié à la mémorisation de faits plutôt qu'à un mode intelligent de réflexion.

Durant les longues années d'étude, pratiquement seul le savoir est mis à l'honneur. Des faits s'amoncèlent sur d'autres faits et peu de temps, voire aucun, n'est consacré à la réflexion... Or, globalement, il s'avère qu'il est bien plus important d'avoir été habitué à réfléchir plutôt que d'avoir eu la tête bourrée de faits disparates. [3]

Nous craignons que peu de choses aient changé depuis. Nous avons toutefois été encouragés par le fait qu'une partie importante de la philosophie de de Bono met en exergue la possibilité d'*apprendre* à réfléchir en profondeur.

Dans les publications de de Bono cependant, ne figurent pas les sujets que nous voulions traiter. Nous désirions que nos étudiants se plongent dans de la *chimie* pour apprendre à réfléchir. Ceci, selon nous, offre trois avantages principaux : il s'agit de la meilleure manière d'apprendre à réfléchir comme un véritable chimiste professionnel, de consolider et de donner de la perspective au savoir et enfin de permettre une excellente motivation aboutissant à la joie d'étudier la chimie.

Une phase décisive dans l'élaboration de notre projet a été la découverte de l'existence d'un service d'entraînement à la réflexion (Projet Ménon du Thinking Skills Service) à l'Université de Cambridge. Des chercheurs y ont rédigé un ensemble de textes qui exigent que l'on soit capable de réfléchir. Ils ont ensuite mis ceux-ci à pro-

1. J B S Haldane, *Daedalus*, Kegan Paul, Trench, Trubner, **1924**
2. J Gleik, *Genius : Richard Feynman and Modern Physics*, Little Brown, **1992**
3. E de Bono, *The Five Day Course in Thinking*, Penguin, **1967**

fit pour concevoir toute une série de tests visant à évaluer le pouvoir de réflexion d'un individu, afin, dans leur esprit, de voir si ladite personne serait ou non capable d'entamer une carrière de recherche en milieu universitaire. Les exercices Ménon, étant donné qu'ils ont été conçus comme des exercices d'évaluation, doivent se rapporter à des connaissances générales (être en dehors de tout contexte particulier) et doivent être caractérisés par une seule réponse correcte, dénuée de toute ambiguïté.

Une telle approche nous a plu, du fait qu'en principe le même style d'exercices pouvait servir d'expérience d'apprentissage pour des étudiants en chimie. Mais pour ce faire, il fallait que ces exercices soient axés sur de la chimie (ou tout au moins sur un contexte scientifique) et il y aurait en outre avantage à ce que les exercices (ou du moins quelques-uns d'entre eux) soient dépourvus de réponse non ambiguë.

Les exercices présentés dans ce livre ont pris corps à la suite de l'examen attentif, par nos soins, des exercices Ménon.

Deux types d'exercices, « comprendre une argumentation » et « construire une argumentation » (chapitres 1 et 2) dérivent directement de deux exercices Ménon. Les autres, « lire de manière critique », « se faire une opinion judicieuse » et « pistes de référence », proviennent de notre propre expérience d'enseignants et nous ont semblé être un prolongement naturel des exercices Ménon.

Les exercices apparaissant dans le chapitre « comprendre une argumentation » ont été conçus pour encourager les étudiants à évaluer des arguments qui sont présentés sous forme de passages brefs. Vu que ceci constitue, pour la plupart des étudiants, une tâche inhabituelle, nous avons simplifié la situation en offrant une série d'assertions parmi lesquelles ceux-ci ont à choisir celle qui est la plus appropriée. Le point crucial est que la plupart de ces assertions sont correctes, mais certaines peuvent n'avoir rien à voir avec l'analyse de l'argumentation. Une telle présentation vise à encourager les étudiants à reconnaître qu'une assertion correcte n'est pas forcément la « bonne » réponse. Notre souhait est qu'en complétant ces exercices simplifiés, les étudiants apprendront à évaluer une argumentation sans l'aide des incitants présentés ici.

Dans « construire une argumentation », il est demandé aux étudiants de réorganiser une argumentation en raccordant de manière adéquate trois affirmations présentées selon un ordre aléatoire.Pour la plupart de ces exemples, il existe plus d'une possibilité de classer logiquement les affirmations. Le choix préféré est souvent régi par le niveau de compréhension du domaine chimique concerné (qui est toujours simple) ou par les habitudes que l'on a acquises pour aborder la science. Dans un bon nombre de ces exercices, il est particulièrement bénéfique de tenter d'analyser le fil conducteur qui vous a mené à tel regroupement des données. L'un ou l'autre choix peut mettre en exergue des différences intéressantes entre ceux qui considèrent que la chimie est une méthode en soi et ceux qui y voient plutôt une série de faits à mémoriser.

« Lire de manière critique » est une prolongation logique de « comprendre une argumentation ». La différence principale réside dans le fait que les extraits sur lesquels ces exercices sont basés proviennent tous de travaux publiés (traités, revues, journaux). L'objectif ne consiste pas à critiquer ledit extrait, mais d'y reconnaître toutes les suppositions que l'auteur considère comme incluses dans le contexte ou liées aux connaissances du lecteur. Certains, parmi ces exercices, impliquent l'interprétation de données ; d'autres se focalisent plutôt sur des problèmes de rédaction, ce qui est une tâche délicate et de plus en plus importante pour les chimistes. Les chimistes sont en effet amenés à communiquer de manière claire les résultats de leur travaux à d'autres personnes qui ne sont pas toujours des chimistes, ou qui sont parfois des spécialistes d'autres disciplines de la chimie. C'est manifestement ce manque de clarté dans les publications du passé qui explique pourquoi la chimie est une science si mal perçue par le grand public. (Nous n'y avons pas ajouté d'exercices plus approfondis sur l'aspect rédactionnel parce que de nombreux ouvrages consacrés à ce sujet existent déja. Lire, par exemple, *Communicating Chemistry* par P D Bailey disponible auprès de la Royal Society of Chemistry, ainsi que *53 Interesting Communication Exercises for Science Students* par S Habeshaw et D Steeds, publié par Technical and Education Services Ltd.)

Dans le chapitre « se faire une opinion judicieuse », nous avons davantage encore exploité l'idée de poser des questions auxquelles correspondent plusieurs réponses appropriées. On y trouve des problèmes émanant de l'ambiguïté dans la signification de certains mots familiers, mais cela va aussi jusqu'à la nécessité de prendre des décisions relatives à des procédés expérimentaux.

Le chapitre « pistes de référence » est le seul chapitre pour lequel chacun des exercices possède des réponses correctes, dénuées de toute ambiguïté. Ces exercices ont un rôle à jouer ici, parce que les étudiants sont censés développer leur perspicacité et leur sens du jugement, afin de pouvoir assimiler correctement les informations majeures d'un article scientifique et de se créer un capital d'informations précises. Ces pistes de référence ont été volontairement limitées à ce que l'on trouve dans la littérature, écartant ainsi tout ce que peut offrir Internet. Le réseau Internet est une excellente source de sujets propices à la discussion et à l'évaluation critique (vu qu'il n'y a aucun contrôle exercé sur la qualité des sujets qui y ont été introduits). Malheureusement, la caractéristique fondamentale du Web est que ce qui y est disponible change sans cesse, de sorte que les tâches que nous vous assignerions aujourd'hui risqueraient d'être sans objet au moment de la publication de ce livre. Il n'en va pas de même avec les articles publiés dans la littérature, où l'art de trouver ce que l'on désire ne dépend pas du tout de la date de parution du document en question. De ce fait, nos pistes de référence ne risquent pas d'être périmées.

Malgré tout le soin apporté à la conception de cet ouvrage, nous serions surpris si chacun des lecteurs était entièrement satisfait de la totalité des exercices et des commentaires qui les accompagnent. Quoi qu'il en soit, il reste toujours possible d'utiliser ces exercices jugés défectueux pour stimuler la réflexion et le dialogue, ce qui, en définitive, est bien le principal but recherché dans ce livre.

1 STRUCTURE DU LIVRE

Chacun des cinq premiers chapitres est consacré à l'un des cinq types d'exercices. Chaque chapitre débute par une brève explication quant à la manière de s'y attaquer. Suivent alors divers exercices en nombre variable et répartis, autant que faire se peut, selon un ordre décroissant de facilité.

Nous n'avons pas subdivisé les sujets abordés selon qu'ils relèvent de la chimie organique, inorganique, physique, analytique ou biologique. La raison impérative qui nous a conduit à éviter ce cloisonnage est que nous sommes persuadés que la division de la science en disciplines et sous-disciplines ne peut être qu'arbitraire et artificielle ; pour preuve, il serait bien difficile de classer sans équivoque certains de nos execices dans une discipline précise. Une autre raison est à rechercher dans le fait que les connaissances chimiques requises sont très simples : la plupart de celles-ci ont été enseignées au cours des années qui précèdent l'entrée à l'université et le restant des notions indispensables est du ressort du premier cycle universitaire. Quoi qu'il en soit, un index a été prévu pour vous aider à retrouver des exercices qui ont trait à des sujets particuliers.

Les solutions les plus souhaitables aux exercices de numéro impair sont fournies dans les « commentaires », habituellement accompagnées de certaines remarques. Ceci nous a semblé être le meilleur compromis entre deux extrêmes. D'un côté, nous préférions ne pas offrir un jeu complet de commentaires qui aurait pu encourager le lecteur à éviter le stade de réflexion en allant directement voir la solution. D'autre part, notre expérience indique que la plupart des lecteurs se réjouissent d'être quelque peu guidés.

2 COMMENT SE SERVIR DE CE LIVRE

Ce livre invite les étudiants à penser comme le font les scientifiques, à reconnaître que les questions les plus intéressantes peuvent être envisagées de diverses manières et qu'il y correspond parfois plusieurs réponses correctes. Dans cette optique, ils doivent considérer leurs professeurs comme des « facilitateurs » de leur apprentissage plutôt que comme des pourvoyeurs de l'information. Grâce à sa présentation, le présent livre incite les étudiants à étudier de manière active et à discuter entre eux de chimie. C'est en tout cas ce que nous ont rapporté nos collègues et amis qui ont testé les exercices présentés.

Lorsque nous avons commencé à nous servir de nos exercices avec nos étudiants (et avec des collègues académiques volontaires), quelle ne fut pas notre surprise et notre émerveillement de constater que ceux-ci tentaient de trouver des solutions de manière bien plus fouillée que ce que nous avions prévu au départ, à savoir se servir simplement du contexte chimique pour s'entraîner à la réflexion. Il semble que le travail demandé exige et encourage une participation active ainsi qu'un investissement dans chaque sujet traité. Une telle attitude génère de l'enthousiasme. Certes, il peut arriver au début que des étudiants (voire des professeurs) se sentent mal à l'aise en présence de ce genre d'exercices ; lorsqu'ils étudient (ou enseignent), ils ne sont pas habitués à être confrontés à des problèmes pour lesquels il n'existe pas de solution tout à fait typée. Si tel est votre cas, nous vous conseillons vivement de persévérer. D'après notre expérience, les étudiants se rendent vite compte qu'il est indispensable de s'investir activement dans chacun des sujets abordés.

Ces exercices ont été testés par des collègues appartenant aux institutions les plus diverses. Leurs impressions se sont avérées être massivement enthousiastes. Ils nous ont signalé que, pour la première fois, ils avaient entendu des étudiants se disputer en se lançant des arguments chimiques contradictoires et ce, jusque même en dehors de la salle de cours. Les exercices semblent être très efficaces pour encourager la communication ainsi qu'un apprentissage coopératif. La plupart des étudiants se sentent capables d'apporter des arguments valables, probablement parce qu'il existe le plus souvent plusieurs manières efficaces de s'attaquer aux problèmes, bref qu'il peut y avoir diverses solutions. En d'autres mots, les étudiants n'ont pas peur de dire des choses fausses.

À notre avis, il est préférable de commencer par les problèmes les plus simples qui sont présentés au début de chaque chapitre. En ce qui concerne les autres problèmes, les commentaires sont là pour indiquer comment s'y prendre. Ou bien, vous pouvez d'abord vous orienter vers les exercices qui se rapprochent le plus de vos pôles d'intérêt. En présence de ceux-ci, vous vous sentirez certainement plus à l'aise et cela vous servira de tremplin pour aborder les autres.

Un aspect important de la résolution de ces problèmes est l'autoanalyse, par les étudiants, de la façon dont ils ont approché un problème donné et de la manière dont la réponse a été formulée. Ce faisant, ils commenceront à comprendre leur propre mode de réflexion et à développer de nouvelles stratégies de résolution. Tout ceci les aidera à acquérir les compétences personnelles et professionnelles voulues, dont on sait maintenant qu'elles font partie intégrante de la formation de niveau universitaire.

Les exercices peuvent être utilisés selon des modalités diverses. Nous ne pensons pas qu'il y ait une manière plus correcte qu'une autre d'y répondre. Le livre peut être employé par des étudiants isolés, préférant travailler seuls et développer leurs idées personnelles au sujet de l'argumentation et de la méthodologie scientifiques. Mais il peut également servir à des groupes d'étudiants, réunis dans des ateliers ou des classes en présence d'un superviseur. Les exercices des chapitres 1, 2 et 4 s'adressent tout particulièrement à des étudiants travaillant en groupes restreints, de manière à pouvoir ensuite expliquer les solutions retenues à toute la classe et à les justifier. Ces exercices peuvent également faire l'objet d'un « forum », par exemple au beau milieu d'un cours ou d'autres activités d'enseignement plus conventionnelles. Une bonne part des exercices du chapitre 3 (lire de manière critique) a trait à des passages dont la lecture et la compréhension ne requièrent que quelques minutes. Une discussion valorisante de ceux-ci ne sera possible que lorsque chaque participant aura déduit ses propres conclusions.

Les activités proposées dans le chapitre 5 (pistes de référence) n'exigent pratiquement pas de travail en équipe, de sorte qu'il est préférable de s'y atteler seul.

Nous sommes convaincus qu'avec leur esprit imaginatif, les professeurs feront un usage diversifié de ce livre lors de leur enseignement, avec toutes les idées sous-jacentes qu'il contient.

3 REMERCIEMENTS

Nous assumons la responsabilité totale de toute coquille ou erreur qui pourrait subsister dans le texte. Par ailleurs, nous tenons à exprimer notre gratitude vis-à-vis de nos nombreux collègues et amis qui, soit nous ont transmis des suggestions relatives aux exercices (Joe McGinnis, Université de Teesside ; Stephen Breuer, Université de Lancaster ; Pat Bailey, Université Heriot-Watt), soit ont contrôlé chacun des exercices et nous ont fait part de leurs critiques (en particulier Terry Kee, de Leeds ; Andrew Horn, de York ; Paul Walton, de York ; Doug Clow, de York et Stephen Breuer, de Lancaster). Nos remerciements s'adressent également à Alex Johnstone, de Glasgow et à Michael Byrne, de Northumbria, pour nous avoir encouragés à étendre et compléter notre collection d'exercices de manière à les rendre publiables, ainsi qu'à de nombreux autres collègues encore pour leurs discussions stimulantes ; parmi ceux-ci, trois étudiants qui se sont fortement investis dans la pédagogie et dont les travaux ont largement contribué à ajuster notre propre mode de pensée, à savoir Alison Loftus, Mandy Holbrook et Mark Gifford.

Le livre a été égayé par les dessins créatifs de notre illustrateur, Doug Lawrence. Le manuscrit a été encodé avec une célérité stupéfiante et les diverses épreuves ont été soigneusement corrigées par Barbara Jones, sans l'habileté de laquelle ce document n'aurait jamais été édité.

Enfin, nous voudrions remercier les très nombreux étudiants (de Hull) qui ont dû se débrouiller avec les premières moutures de notre projet et dont les réactions enthousiastes vis-à-vis des problèmes posés nous ont encouragé à le mener à bien.

1

COMPRENDRE UNE ARGUMENTATION

Dans ce chapitre, une « argumentation » ne fait pas allusion à une « discussion au sujet d'un désaccord », mais plutôt à une « suite logique de faits pertinents ». Les chimistes sont censés être capables de faire une évaluation critique de telles séquences d'arguments. Les exercices apparaissant dans ce chapitre ont été conçus pour vous aider à vous exercer dans ce judicieux décryptage. Chaque exercice débute par un bref descriptif d'un fait scientifique, en l'occurrence une situation donnée (comme dans l'exercice 1) ou le plus souvent une argumentation. Chacun de ces textes introductifs est suivi d'un choix de diverses assertions, dont une seule corrobore notoirement l'argumentation présentée. Le lecteur est invité à idendifier celle qui, selon lui, correspond le mieux aux critères relevés. Ainsi, par exemple, il s'agirait d'identifier l'assertion qui

- soit corrobore au mieux l'argumentation
- soit identifie le plus parfaitement les défauts ou les faiblesses d'une théorie
- soit fragilise davantage l'argumentation
- soit semble correspondre à une assertion sous-jacente (sous-entendue) dans l'argumentation

Une attention toute particulière devra être accordée au critère auquel il vous sera demandé de faire appel quant au choix de l'une des assertions.

L'évaluation critique d'une argumentation exige que l'on soit capable d'expliquer ses conclusions à d'autres. Une partie importante de ces exercices concerne dès lors la justification de ses propres choix par rapport aux alternatives proposées. Ceci signifie que le lecteur devra être capable d'expliquer aux autres non seulement pourquoi il estime que son choix est le plus satisfaisant, mais aussi pourquoi il a marqué la préférence pour un tel choix parmi les diverses propositions.

Le fait de se heurter à un certain nombre de ces exercices induira peu à peu une confiance en son propre jugement, de sorte qu'il sera bientôt possible d'évaluer un argument sans avoir recours aux suggestions que constituent les diverses précisions proposées en annexe. Pour vous aider à vous mettre au travail, nous avons joint au premier exercice qui suit un commentaire. Dans le chapitre 6, vous trouverez des commentaires relatifs à tous les autres exercices, pour autant qu'ils soient de numéro impair.

1 Un minerai pulvérisé a été transmis à un chimiste en vue d'y déterminer, par analyse quantitative, la teneur (en masse) en fer. La méthode proposée implique la dissolution d'une quantité connue de poudre dans du HNO_3 concentré, puis de porter le volume de la solution obtenue à une valeur bien déterminée et, enfin, à faire appel à la spectrométrie d'absorption atomique pour établir la concentration du fer dans ladite solution. Le chimiste exécute les opérations selon le protocole établi, mais il est suspris de constater qu'il subsiste un petit résidu qui résiste à toute tentative de dissolution dans l'acide nitrique.

Lequel, parmi les éléments d'information suivants, est indispensable au chimiste afin que celui-ci puisse calculer la teneur en fer de l'échantillon ?

A. La masse du résidu insoluble.

B. La certitude que le résidu insoluble ne contient pas du tout de fer.

C. La proportion du matériau insoluble par rapport à la totalité de l'échantillon.

D. La masse du matériau obtenu après évaporation à sec d'un échantillon de volume connu de la solution.

Commentaire en guise de mise en train

LE MEILLEUR CHOIX EST B.

Il est très facile de calculer la quantité de fer qui a été extraite de l'échantillon lorsqu'on en connaît la concentration dans le volume donné de solution. S'il appert que B est véridique, il s'ensuit alors que cette quantité correspond à la quantité totale du fer qui était présent dans l'échantillon à l'origine. Hormis le cas où une substance insoluble formerait une couche protectrice autour du fer, il est logique de s'attendre à ce que tout le fer se dissolve au cours du traitement par HNO_3 concentré. Quoi qu'il en soit, il serait difficile de prouver que le résidu insoluble ne contient pas de fer.

Si B est correct, ni A ni C n'apportent d'informations utiles. Cependant, si B est inexact, notre chimiste se trouve confronté à un réel problème : il doit connaître l'information A ou C, de même que la proportion massique du fer dans le résidu solide. En pratique, si seule une infime partie de l'échantillon d'origine a résisté à la dissolution, on peut admettre que la quantité de fer qui y est séquestrée est négligeable.

L'information D n'apporte en aucun cas un renseignement exploitable au sujet du solide résiduel, étant donné que certaines substances extraites de l'échantillon d'origine peuvent s'être volatilisées et que des ions nitrate en provenance de l'acide nitrique peuvent faire partie du résidu sec.

2 Le pH d'une solution aqueuse est approximativement égal à moins le logarithme dans la base 10 de la concentration en ions hydrogène. Un acide tel que l'acide chlorhydrique est totalement dissocié dans l'eau. Ainsi, si on dissout 0,1 mol de HCl dans 1 l d'eau, la concentration en ions hydrogène y est égale à 0,1 mol l^{-1} et le pH de la solution sera pratiquement égal à 1. De même, si ladite solution est diluée au dixième de sa concentration initiale, le pH sera proche de 2, tandis qu'une dilution par un facteur de 1 million fera monter le pH aux alentours de 7.

Laquelle, parmi les assertions suivantes, met le mieux en exergue les défauts de cette argumentation ?

A. Le HCl n'est pas dissocié à 100 % en solution aqueuse.

B. Le pH devrait être défini en termes de l'activité en ions hydrogène.

C. Le HCl n'est pas l'unique source des ions hydrogène dans le système.

D. Les ions hydrogène n'existent pas comme tels en solution aqueuse ; on les représente plus justement sous forme de H_3O^+.

E. Une solution qui contient des ions Cl^- à la concentration de 10^{-7} mol l^{-1} est si diluée qu'elle exerce un effet non mesurable sur le pH.

3 Plusieurs fois chaque année, des fidèles accourent nombreux vers la cathédrale de Naples pour être les « témoins de la liquéfaction miraculeuse du sang de saint Janvier ». Un flacon à moitié rempli d'une substance rouge ressemblant à du sang leur est présenté. Au cours de la cérémonie, ledit flacon est retourné plusieurs fois de bas en haut et l'officiant examine si le sang s'est liquéfié. Cette liquéfaction peut se produire au bout de quelques minutes, ou après des heures, voire des jours et ce, quelle que soit la période de l'année, été ou hiver.

Laquelle, parmi les assertions suivantes, fournit la meilleure hypothèse permettant d'expliquer ce phénomène ?

A. Il s'agit d'un véritable miracle.

B. Le contenu du flacon est photosensible et se liquéfie lors de son exposition à la lumière.

C. La liquéfaction et la resolidification du contenu du flacon résultent du développement périodique d'un micro-organisme.

D. La substance est thixotrope, ce qui signifie qu'elle passe de l'état solide à l'état liquide sous l'effet d'une certaine agitation.

E. La substance est un solide hygroscopique, déliquescent, qui devient liquide lorsqu'il absorbe l'humidité de l'air.

4 Le nom systématique d'un alcane présentant des ramifications implique l'identification de la chaîne la plus longue. Les chaînes latérales sont désignées en tant que groupes alkyle appropriés, lesquels sont précédés d'un numéro indiquant l'atome de carbone de la chaîne principale auxquels ils sont attachés. En règle générale, le numérotage débute par l'extrémité de la chaîne parentale qui fournira les indices les plus petits possibles. Le nom systématique du composé présenté ci-dessous est, dès lors, 2,4-diméthyl-5-éthylhexane.

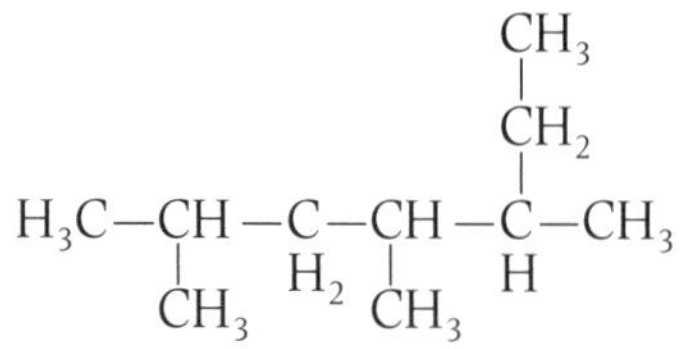

Laquelle, parmi les assertions suivantes, met le mieux en exergue les défauts de l'appellation ?

A. Le nom proposé est tout à fait correct.

B. Le nom correct est 2-éthyl-3,5-diméthylhexane.

C. Le nom correct est 2,4,5-triméthylheptane.

D. Le nom correct est 3,4,6-triméthylheptane.

5 La valeur de la constante d'équilibre pour la réaction

$$CH_3CO_2H + C_2H_5OH \rightleftharpoons CH_3CO_2C_2H_5 + H_2O$$

est proche de 1. De ce fait, lorsque de l'éthanol est amené à réagir avec de l'acide éthanoïque, le mélange de substances qui en résulte contient toujours à la fois des réactifs et des produits. Mais comme les points d'ébullition de l'éthanol et de l'éthanoate d'éthyle se situent, respectivement, à 77 °C et 78,5 °C, il est difficile de séparer l'éthanol de l'éthanoate d'éthyle par distillation. Il n'est, dès lors, pas intéressant de tenter de faire la synthèse de cet ester à partir de l'acide et de l'alcool.

Laquelle, parmi les assertions suivantes, met le mieux en exergue les défauts de l'argumentation ?

A. Les techniques modernes de séparation offrent la possibilité de séparer n'importe quel ester de son alcool parental.

B. Des catalyseurs appropriés sont capables de favoriser la formation des esters.

C. En mettant en œuvre un excès d'acide, il est possible de convertir pratiquement la totalité de l'alcool en son ester correspondant et celui-ci peut être très facilement séparé de l'acide excédentaire.

D. Les esters peuvent être facilement synthétisés par réaction des alcools avec des anhydrides d'acides et ce type de réaction se poursuit pratiquement jusqu'à son achèvement complet.

6 Un atome de molybdène (appartenant au groupe 6) possède 6 électrons de valence. Le monoxyde de carbone peut se comporter comme un donneur de doublet électronique lorsqu'il est coordiné, en tant que ligand, à un atome d'un métal transitionnel. De ce fait, le nombre total des électrons de valence présents sur l'atome Mo dans $Mo(CO)_7$ doit valoir $6 + (7 \times 2) = 20$. Il est donc tout à fait improbable que $Mo(CO)_7$ soit stable.

Laquelle, parmi les assertions suivantes, constitue une supposition sous-jacente à l'argumentation présentée ?

A. Le composé $Mo(CO)_6$, avec exactement 18 électrons de valence, est très stable.

B. Les composés organométalliques des métaux transitionnels comprenant plus de 18 électrons de valence sur l'atome central sont rarement stables.

C. Les ligands CO sont des acides π.

D. Les composés hexacoordinés sont plus stables que les heptacoordinés.

E. Le composé $Mo(CO)_7$ est incapable d'adopter une configuration octaédrique.

7 La totalité de l'hélium et de l'hydrogène qui étaient présents à l'origine dans l'atmosphère terrestre lors de la formation de notre planète a disparu. Néanmoins, on détecte la présence de traces d'hélium dans l'atmosphère de la Terre. La présence, à notre époque, de ces traces dans l'atmosphère doit forcément être le résultat d'une désintégration radioactive qui est toujours en cours.

Laquelle, parmi les assertions suivantes, est la plus décisive quant à l'acceptation ou non de l'argumentation proposée ?

A. Aucun mécanisme plausible n'existe, qui permette d'expliquer comment la totalité de l'hélium et de l'hydrogène formés à l'origine ait pu s'échapper de l'atmosphère.

B. Le champ gravitationnel terrestre n'est pas suffisamment fort pour retenir des gaz aussi légers que l'hélium et l'hydrogène, de sorte que ceux-ci se perdent en définitive par diffusion dans l'espace.

C. L'hydrogène est un élément plus léger que l'hélium.

D. Si l'argumentation est correcte, il ne devrait pas y avoir d'hydrogène dans l'atmosphère.

E. L'hélium est le premier élément du groupe 18.

8 Ce que l'on appelle « l'effet de paire inerte » correspond à l'observation selon laquelle les électrons *s* présentent une tendance décroissante à s'impliquer dans des liaisons au fur et à mesure que l'on descend dans un groupe du bloc *p* du tableau périodique. Ceci est illustré par les observations suivantes : Ge(II) est un agent réducteur puissant tandis que Ge(IV) est stable ; Sn(II) existe sous forme d'ions réducteurs tandis que Sn(IV) est covalent et stable ; Pb(II) est beaucoup plus stable que Pb(IV).

Laquelle, parmi les assertions suivantes, résume le mieux la conclusion générale qui pourrait être déduite de ce texte ?

A. L'étage d'oxydation +II devient de plus en plus stable lorsqu'on descend dans le groupe 14.

B. L'effet de paire inerte est dû au manque de réactivité inhérent au deux électrons *s*.

C. Les composés du plomb(II) sont ioniques.

D. Le plomb(IV) est un oxydant.

E. Le carbone, de même que le silicium, ne sont stables qu'à l'étage d'oxydation +IV.

9 Un des moyens permettant de réduire la concentration en CO, en NO_x et en hydrocarbures dans les gaz d'échappement des moteurs d'automobiles consiste à y adapter des pots catalytiques. Le catalyseur le plus efficace est constitué de platine, mais celui-ci se complexe avec le plomb qui, dès lors, empoisonne ledit catalyseur. C'est pour cette raison que des essences exemptes de plomb ont été mises au point, lesquelles rendent possible le placement de ces catalyseurs.

Laquelle, parmi les assertions suivantes, met le mieux en exergue les défauts de l'argumentation ?

A. Il est possible de réextraire le plomb du platine.

B. Du plomb est présent dans l'huile du moteur, de sorte que celui-ci empoisonnera de toute façon le catalyseur.

C. De nos jours, les meilleurs catalyseurs contiennent du rhodium en plus du platine.

D. L'essence sans plomb a été mise au point à cause des risques sanitaires encourus du fait de l'émission de plomb dans les gaz d'échappement.

10 Quel sel est le plus soluble dans l'eau, $NaClO_4$ ou $KClO_4$? Le concept le plus important à se rappeler est la règle générale selon laquelle des composés constitués d'ions dont les rayons diffèrent largement sont beaucoup plus solubles dans l'eau que des composés comprenant des ions de rayons similaires. Les rayons ioniques de Na^+ et K^+ valent, respectivement, 0,102 et 0,138 nm. Dès lors, le sel $NaClO_4$ devrait être plus hydrosoluble que $KClO_4$.

Laquelle, parmi les assertions suivantes, constitue une supposition sous-jacente à l'argumentation présentée ?

A. L'eau est un solvant polaire.

B. Le numéro atomique du potassium est supérieur à celui du sodium.

C. Le rayon de l'ion perchlorate est supérieur à 0,14 nm.

D. Na^+ et K^+ se trouvent dans un même groupe du tableau périodique.

E. Na est plus électronégatif que K.

11 Dans le graphite, seuls trois parmi les électrons de valence du carbone sont impliqués dans la formation de liaisons σ en faisant intervenir des orbitales hybrides sp^2. Ceci donne lieu à une structure en feuillets au sein desquels l'électron restant au niveau de chaque carbone est impliqué dans une liaison π. Un monocristal de graphite conduit le courant électrique dans les deux dimensions qui caractérisent le feuillet, mais pas dans la troisième. En d'autres mots, la conduction de l'électricité ne se réalise qu'au niveau de chaque feuillet, mais pas d'un feuillet à l'autre.

Laquelle, parmi les assertions suivantes, représente la meilleure explication théorique de la conlusion présentée ci-avant ?

A. La délocalisation des électrons π a lieu dans le graphite en deux dimensions plutôt qu'en trois.

B. La distance entre les feuillets du graphite est trop grande pour permettre aux électrons de « sauter » de l'un à l'autre.

C. La conduction de l'électricité n'est possible que lorsque des liaisons π sont présentes.

D. L'hybridation sp^2 donne lieu à des structures en feuillets.

12 Il est inconcevable de prendre le logarithme d'une valeur dimensionnée. Dès lors, en ce qui concerne l'équation

$$\Delta G^{\ominus} = -RT \ln K,$$

ln K n'a pas d'unités. Pour une réaction telle que

$$A \rightleftharpoons B + C$$

la constante d'équilibre a, pour unités, mol l^{-1}. C'est pourquoi, l'équation relative à $\Delta G^{\ominus}$ ne peut s'appliquer qu'à des réactions dont la stœchiométrie implique autant de moles de réactifs que de produits.

Laquelle, parmi les assertions suivantes, met le mieux en exergue les défauts de l'argumentation ?

A. On fait toujours fi des unités lorsqu'on prend des logarithmes.

B. Les unités de K dépendent des nombres relatifs de moles de réactifs et de produits dans l'expression stœchiométrique de la réaction.

C. Lorsqu'on calcule une constante d'équilibre, il est nécessaire d'y faire intervenir des activités et non des concentrations.

D. Il n'y a pas d'erreur dans cette argumentation.

13 Deux chimistes font appel, chacun de leur côté, à un procédé identique visant à déterminer le pourcentage de carbone dans un même échantillon. Ils réalisent cinq mesures successives dont la valeur moyenne correspond, pour l'un, à 51,2 % et, pour l'autre, à 50,9 %. Par ailleurs, la déviation standard relative aux résultats du premier chimiste (A) vaut 3,7, tandis que pour le deuxième (B), elle s'élève à 4,5. Il en résulte que le chimiste A a réalisé les analyses les plus fiables.

Laquelle, parmi les assertions suivantes, met le mieux en exergue les défauts de l'argumentation ?

A. Une erreur systématique peut être commise lors des mesures.

B. La différence entre ces deux déviations standard n'est pas assez grande pour que les deux valeurs soient significativement différentes l'une de l'autre.

C. La déviation standard ne fournit aucune indication quant à l'exactitude.

D. Les limites de confiance de la moyenne sont données par l'erreur standard de ladite moyenne et non par la déviation standard.

14 Les sels des acides carboxyliques réagissent avec le bromure de cyanogène, ce qui aboutit à la formation d'alcanenitriles selon l'équation suivante :

$$RCOONa + BrCN \rightarrow RCN + CO_2 + NaBr$$

Un des mécanismes proposés implique l'attaque du sel carboxylique par l'ion cyanure avec éjection du groupe COO^-.

Laquelle, parmi les assertions suivantes, déforce le plus le mécanisme proposé ?

A. Si le substrat engagé possède un ^{14}C dans le groupe carboxylate, l'alcanenitrile qui en résultera sera marqué par du ^{14}C.

B. Étant donné que le sel carboxylique a perdu du CO_2 et du Na^+, le mécanisme doit être bien plus compliqué que celui qui est proposé.

C. Le rendement n'atteint pas 100 %, de sorte que d'autres réactions doivent intervenir.

D. La réaction se réalise de manière plus efficiente lorsque R est aromatique que lorsque ce groupe est aliphatique.

15 Au cours de l'isolement des produits qui résultent de l'hydrolyse d'un ester phénylique, on obtient une solution aqueuse. Celle-ci est censée contenir un acide, un phénol ainsi qu'une substance neutre non volatile. En vue de séparer ces divers constituants, on y ajoute, dans une boule à décanter, de l'éther, de même qu'une solution aqueuse diluée d'une base. Après avoir agité le tout, on sépare les deux phases et, après séchage de la couche éthérée, celle-ci est évaporée à sec. On constate qu'il n'y a aucun résidu. On en conclut qu'aucune substance neutre n'était présente parmi les produits de l'hydrolyse de l'ester.

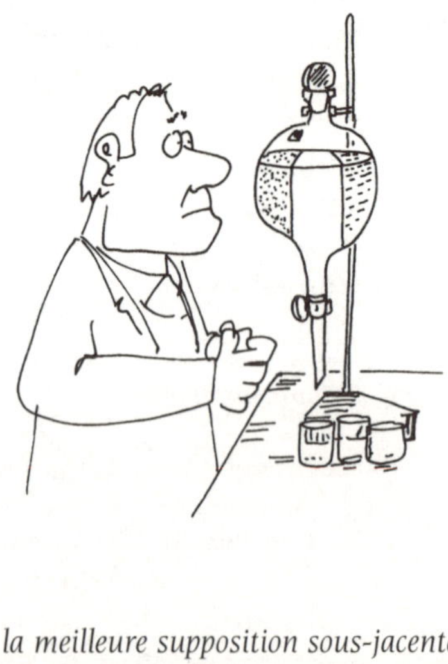

Laquelle, parmi les assertions suivantes, constitue la meilleure supposition sous-jacente à la conclusion présentée ?

A. Le phénol est incapable de subir une estérification en solution aqueuse basique.

B. L'acide ne donne pas lieu à la formation d'un sel sodique insoluble.

C. La substance neutre est plus soluble dans l'éther que dans la phase aqueuse.

D. Le phénol est insoluble dans l'éther.

E. L'éther et l'eau sont des solvants pratiquement immiscibles.

F. L'acide est insoluble dans l'éther.

16 La plupart des composés des métaux transitionnels sont colorés. Ceci peut s'expliquer par le fait que les atomes et les ions des métaux transitionnels présentent typiquement des orbitales *d* partiellement remplies, de sorte que des transitions *d-d* sont possibles. De telles transitions ne sont pas possibles pour des composés tels que AgCl et TiO_2, étant donné que les orbitales *d* y sont respectivement complètement remplies ou vides. Ces composés-ci sont blancs. Ceci confirme que la couleur des composés des métaux transitionnels trouve son origine dans des transitions *d-d*.

Laquelle, parmi les assertions suivantes, met le mieux en exergue les défauts de l'argumentation ?

A. AgBr et AgI sont jaunes.

B. La polarisation dans les anions volumineux peut aboutir à une covalence et à l'apparition de couleurs.

C. $KMnO_4$ et K_2CrO_4 sont colorés.

D. Des couleurs très marquées apparaissent lors des processus impliquant des transferts de charge.

E. Les oxydes non stœchiométriques des métaux transitionnels sont noirs.

F. Les transitions *d-d* peuvent très bien ne pas être les seules transitions électroniques impliquées.

17 Le 3-oxobutanoate d'éthyle peut être représenté, comme il se doit, avec la structure d'une cétone mais aussi sous la forme d'un énol :

$$CH_3COCH_2CO_2C_2H_5 \text{ ou } CH_3C(OH){=}CHCO_2C_2H_5$$

On peut estimer que la formule correcte est l'énol, étant donné que ce produit donne une coloration rouge en présence de Fe^{3+}, ce qui est tout à fait caractéristique des énols.

Laquelle, parmi les assertions suivantes, met le mieux en exergue les défauts de l'argumentation ?

A. Aucune information n'est donnée quant à la manière selon laquelle le test a été exécuté.

B. De nombreux composés donnent une couleur rouge en présence de Fe^{3+}.

C. Ce test aurait dû également avoir été exécuté sur des substances témoins dont on sait qu'elles contiennent oui ou non une fonction énolique.

D. Les composés qui peuvent donner lieu à une tautomérie céto-énolique réagiront pratiquement toujours en tant qu'énols avec Fe^{3+}, quelle que soit la position de l'équilibre tautomérique.

E. Outre le fait de donner une couleur rouge en présence de Fe^{3+}, les énols peuvent être caractérisés par des tas d'autres moyens.

18 Dans l'échelle Kelvin de température, un kelvin est défini comme étant le centième de la différence de températures existant entre le point de congélation et le point d'ébullition de l'eau sous une pression d'une atmosphère. Dans l'échelle Fahrenheit, l'eau se congèle à 32 °F et bout à 212 °F, de sorte qu'une augmentation de 1 °F dans l'échelle Kelvin correspond à 100/(212–32), soit à 5/9 de l'augmentation d'une unité kelvin dans cette même échelle. Le zéro absolu se situe dans l'échelle Fahrenheit à (32 – 9/5 × 273), soit à –459,4 °F. L'échelle Fahrenheit pourrait être convertie en une échelle absolue (A), avec 0 au zéro absolu ; dans une telle échelle, l'eau gèlerait à (459,4 + 32), c'est-à-dire à 491,4 A et passerait à l'ébullition à (459,4 + 212), c'est-à-dire à 671,4 A. L'équation $\Delta G^\ominus = -RT \ln K$ est une relation fondamentale qui doit rester valable dans n'importe quelle échelle de température. Il s'ensuit que, si on fait usage de l'échelle absolue (A), la constante des gaz (R) aurait, pour valeur, 14,965 J mol^{-1} A^{-1}.

Je préfère l'échelle Kelvin...
Elle me donne l'impression d'avoir plus chaud...

Lequel, parmi les conseils suivants, vous permettra d'avoir la conviction que l'argumentation présentée est exacte ?

A. Vérifier si la formule F = 32 + (C × 9/5) donne bien la valeur –459,4 pour le zéro absolu défini comme étant à –273 °C.

B. Vérifier la définition du $\Delta G^\ominus$.

C. Vérifier si la constante des gaz vaut bien 8,314 J K^{-1} mol^{-1} dans l'échelle Kelvin et si 8,314 × 9/5 correspond à 14,965.

D. Rechercher comment le point zéro de l'échelle Fahrenheit a été défini à l'origine.

19 Certaines résines employées dans les colonnes échangeuses d'ions portent des groupes de type acide sulfonique (RSO_3^-). Ceux-ci formeront, dès lors, des liaisons ioniques avec toutes les substances présentant une charge positive. La force de l'interaction dépend de la valeur moyenne de la charge positive affublée par chaque molécule. Supposons que des composés x et y soient tous deux des sels d'ammonium quaternaires et qu'ils ne possèdent pas d'autres groupes ionisables. Il en résulte que ces composés se fixeront tout aussi bien à un échangeur de cations tel que celui qui contient des fonctions acide sulfonique, bref qu'il sera impossible de les séparer à l'aide d'une résine de ce type.

Laquelle, parmi les assertions suivantes, met le mieux en exergue les défauts de l'argumentation ?

A. L'interaction des résines échangeuses d'ions avec les molécules de soluté n'implique pas que des phénomènes ioniques.

B. Il existe divers types de résines échangeuses d'ions, dont les groupes ionisables diffèrent.

C. Les deux substances pourraient être séparées à l'aide d'une colonne contenant une phase solide non ionique (comme, par exemple, de l'alumine ou de la cellulose).

D. Le pH pourrait être ajusté de manière à modifier la charge des groupes ionisables et ceci peut affecter l'un des composés x ou y davantage par rapport à l'autre.

20 Les atomes de chlore, formés dans la stratosphère en raison de la dégradation photochimique des chlorofluorocarbures, réagissent avec l'ozone qui y est présent, ce qui fournit O_2 et ClO. ClO réagit à son tour avec des atomes d'oxygène de manière à former davantage de O_2 et à régénérer des atomes de chlore. De la sorte, chaque atome de chlore est à l'origine d'un mécanisme en cascade qui aboutit à la destruction d'un grand nombre de molécules d'ozone.

Laquelle, parmi les assertions suivantes, constitue la meilleure supposition sous-jacente à l'argumentation présentée ?

A. La réaction en chaîne grâce à laquelle les atomes de chlore sont régénérés se termine lorsqu'un atome de chlore réagit avec toute espèce autre que l'ozone présent dans la stratosphère.

B. La réaction entre les atomes de chlore et l'ozone est d'ordre un par rapport à chacun des réactifs.

C. Dans la stratosphère, le rapport O_3 : Cl est très élevé.

D. Il existe, dans la stratosphère, une source de production d'atomes d'oxygène.

21 Aucune des structures en chaîne proposées à l'origine pour le benzène, dont la formule moléculaire est C_6H_6, ne permettait de rendre compte des propriétés de cette substance. En 1865, Kekulé proposa pour le benzène une formule comportant un cycle à six pièces, avec alternance de liaisons simples et doubles. Ceci justifiait le fait que, dans le benzène, chaque atome de carbone s'avérait être équivalent mais n'expliquait pas pourquoi cette molécule ne réagissait pas comme un alcène. La raison de ceci tient à ce que les électrons du cycle ne sont pas localisés au niveau de liaisons simples et doubles figées, étant donné qu'ils y sont délocalisés (c'est-à-dire qu'ils se partagent de manière égale entre chacun des six carbones).

Laquelle, parmi les assertions suivantes qui sont toutes vraies, corrobore le mieux la conclusion de l'argumentation ?

A. Le brome s'additionne à la double liaison d'un alcène, mais, en présence de benzène, il fournit un produit de substitution, en l'occurrence du bromobenzène.

B. Par diffraction des rayons X sur du benzène cristallisé, on démontre que toutes les liaisons carbone-carbone sont de même longueur.

C. Par spectroscopie de RMN, on observe que les protons sont tous équivalents et leur signal indique qu'ils sont considérablement déblindés.

D. En ce qui concerne les liaisons, la théorie des orbitales moléculaires a été élaborée en partie afin de rendre compte du comportement des électrons dans les composés aromatiques.

22 La sulfonation du naphtalène peut aboutir à l'obtention de deux produits différents. À la température ordinaire, on isole de l'acide naphtalène-1-sulfonique, tandis qu'à 165 °C il apparaît de l'acide naphtalène-2-sulfonique. Par ailleurs, lorsqu'on chauffe l'acide naphtalène-1-sulfonique en présence d'acide sulfurique à 180 °C, ledit acide se convertit en acide naphtalène-2-sulfonique.

Laquelle, parmi les assertions suivantes, est la déduction la plus sensée que l'on puisse faire émerger de ces constatations expérimentales ?

A. La sulfonation des composés aromatiques est un bon moyen d'obtention des produits les plus divers.

B. À la température ordinaire, la sulfonation du naphtalène est sous contrôle cinétique.

C. Les substitutions électrophiles sur les aromatiques aboutissent souvent à des mélanges de produits.

D. La formation des produits lors des substitutions sur aromatiques est très sensible aux conditions expérimentales.

E. Les stabilités thermodynamiques relatives des deux produits sont extrêmement dépendantes de la température.

23 Vous venez d'obtenir un ensemble de dix valeurs x, y et vous les avez classées par ordre décroissant des valeurs de x. De l'inspection du tableau obtenu, il ressort que les valeurs de y s'y présentent également selon un ordre décroissant. Le calcul du coefficient de corrélation (R) aboutit à la valeur 0,98, à comparer à la valeur 1,00 qui résulterait de données correspondant à une ligne droite parfaite avec pente positive.

En vue de vous convaincre que x et y sont corrélés de manière linéaire, que feriez-vous parmi les propositions suivantes ?

A. Obtenir davantage de valeurs de x et y et recalculer le coefficient de corrélation.

B. Faire appel à un test statistique pour vérifier si, dans ce contexte, la valeur de R égale à 0,98 est inférieure à 1 de manière significative.

C. Représenter toutes les données sous forme graphique.

D. Calculer les valeurs de la pente, de l'ordonnée à l'origine et de la limite de confiance à 95 %.

24 L'eau se dissocie selon l'équation :

$$H_2O \rightleftharpoons H^+ + OH^-$$

Le pH est défini comme étant $-\log_{10}[H^+]$. Un pH neutre correspond, quant à lui, à celui pour lequel $[H^+]$ et $[OH^-]$ (les activités de H^+ et OH^-) sont égales. Dans les conditions standard, il appert que le produit de ces activités vaut 10^{-14}. Il s'ensuit qu'un pH neutre est défini comme étant 7,0.

Laquelle, parmi les assertions suivantes, met le mieux en exergue les défauts de l'argumentation ?

A. Le produit de $[H^+]$ et $[OH^-]$ dépend de la température, de sorte que la neutralité ne correspond à un pH de 7,0 qu'à 25°C.

B. On peut prendre le log d'un nombre, pour autant qu'il ne s'agisse pas d'une quantité dimensionnée.

C. L'eau se dissocie pour donner OH^- et H_3O^+.

D. La concentration molaire de l'eau pure vaut environ 55,5 mol l^{-1} et il est impératif de tenir compte de ceci lorsqu'on cherche à déterminer la constante d'équilibre relative à la dissociation de l'eau (55,5 = 1000/18).

25 Un client potentiel exige du fournisseur d'un produit chimique que celui-ci ne contienne pas plus de 20 ppm d'un certain sous-produit issu de la synthèse. Aucune autre norme de qualité n'est exigée. Ledit produit est analysé au laboratoire du fournisseur et il ressort que la teneur en sous-produit s'élève à 18,4±1,5 ppm.

Laquelle, parmi les conclusions suivantes, peut-elle être déduite de cette information ?

A. Le sous-produit recherché doit être extrêmement dangereux.

B. La méthode analytique n'est pas suffisamment fiable pour déterminer si le produit est conforme aux spécifications exigées par l'acheteur.

C. Le fournisseur peut donner confidentiellement à l'acheteur l'assurance de la conformité du produit.

D. Le fournisseur encourrait un gros risque en assurant l'acheteur de la conformité du produit.

E. Le fournisseur ne dispose pas d'informations suffisantes pour décider si le produit est conforme ou non.

26 Le dioxyde de soufre réagit avec les gouttelettes d'eau de l'atmosphère, ce qui donne lieu à la formation de H_2SO_3. Cet acide se dissocie en partie selon l'équation :

$$H_2SO_3(aq) + H_2O(l) \rightleftharpoons H_3O^+(aq) + HSO_3^-(aq)$$

La constante de dissociation (K_a) relative à cette réaction vaut 10^{-2}. En supposant que suffisamment de dioxyde de soufre se soit dissous de manière à ce que le rapport $H_2SO_3:HSO_3^-$ atteigne exactement 1, il s'ensuit alors que la concentration de H_3O^+ sera égale à $K_a \times [H_2O(l)]$. La concentration en eau dans une solution aqueuse diluée vaut environ 55 mol l^{-1}, de sorte que $[H_3O^+]$ est égal à $5{,}5 \times 10^{-1}$ ou approximativement $10^{-0{,}4}$. Sachant que $pH = -\log_{10} [H_3O^+]$, le pH de la solution sera de l'ordre de 0,4.

Laquelle, parmi les assertions suivantes, met le mieux en exergue les défauts de l'argumentation ?

A. La concentration de l'eau est définie comme étant égale à 1.

B. Le rapport $H_2SO_3:HSO_3^-$ doit être constant et ne peut être modifié par la quantité du SO_2 dissous.

C. On ne peut jamais être certain que le rapport $H_2SO_3:HSO_3^-$ soit exactement égal à 1.

D. K_a est une constante de dissociation et non une constante d'équilibre, de sorte que la concentration en eau y est incluse.

27 L'équation $\Delta G = \Delta H - T\Delta S$ a pour corollaire qu'un processus caractérisé par un ΔS positif sera défavorisé au prorata de l'augmentation de la température. Le pentanol n'est que faiblement soluble dans l'eau parce que la chaîne alkylique est incapable de former des liaisons hydrogène avec le solvant qu'est l'eau. Quoi qu'il en soit, le nombre total des liaisons hydrogène qui sont contractées entre les molécules d'eau n'est pas fort modifié par l'adjonction de pentanol dans la solution. Ceci est dû au fait que les molécules d'eau se redistribuent d'elles-mêmes sous la forme d'un manchon ordonné autour de chaque chaîne alkylique. La diminution de l'entropie qui est liée à cette organisation ordonnée explique la solubilité très faible de molécules telles que le pentanol.

Laquelle, parmi les assertions suivantes, corrobore le mieux l'argumentation précédente ?

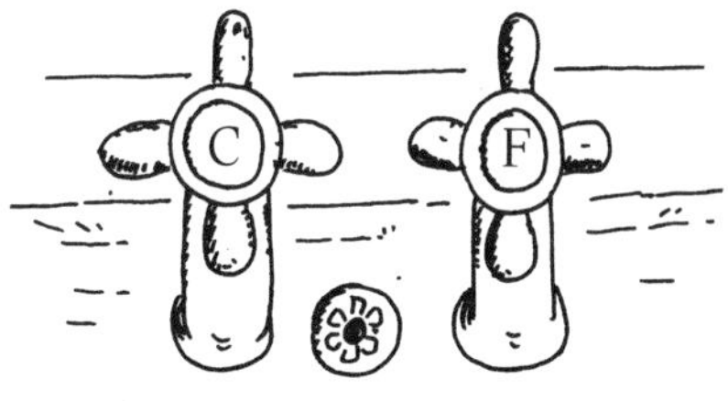

A. En général, la solubilité a tendance à augmenter avec la température.

B. Le pentanol est plus soluble dans l'eau froide que dans l'eau chaude.

C. Le nombre de liaisons hydrogène entre les molécules d'eau diminue lorsque la température augmente.

D. En général, il y a augmentation du désordre lorsque deux composés purs sont mélangés.

E. Une valeur positive de ΔS représente une diminution de l'ordre du système.

28 La réaction entre des radicaux tels que OH et NO_2 joue un rôle important dans la chimie de la stratosphère. Des pseudoconstantes de vitesse d'ordre un (k_1) ont été déterminées en laboratoire pour cette réaction, à partir de la vitesse de disparition des radicaux OH en présence de teneurs excédentaires en NO_2. Du N_2 servait en outre à maintenir des pressions comparables à celles de la stratosphère. Dans ces expériences, la somme des pressions partielles de OH et de NO_2 ne représentait que moins de 0,1 % de la pression totale du système. Des constantes de vitesse d'ordre deux ont été obtenues en mettant en graphique $k_1$en fonction de la pression partielle en NO_2. Il a été par ailleurs établi que cette constante de vitesse d'ordre deux augmente de manière concomitante avec la pression.

Laquelle, parmi les assertions suivantes, exprime le mieux la conclusion qui devrait émerger des observations présentées ?

A. La concentration des radicaux OH est très faible dans la stratosphère.

B. La formation de HNO_3 résulte d'un processus en deux étapes, lequel implique une collision avec une autre molécule telle que N_2.

C. L'étude des caractéristiques cinétiques d'une réaction peut toujours apporter des informations utiles quant au mécanisme de celle-ci.

D. Il est important d'éviter de polluer l'atmosphère avec des oxydes d'azote.

29 Le benzène peut être réduit en cyclohexa-1,4-diène à la suite d'un traitement par du sodium dans de l'ammoniac liquide en présence d'éthanol et de HCl. On pense que la réaction se déroule selon le mécanisme qui est présenté ci-après :

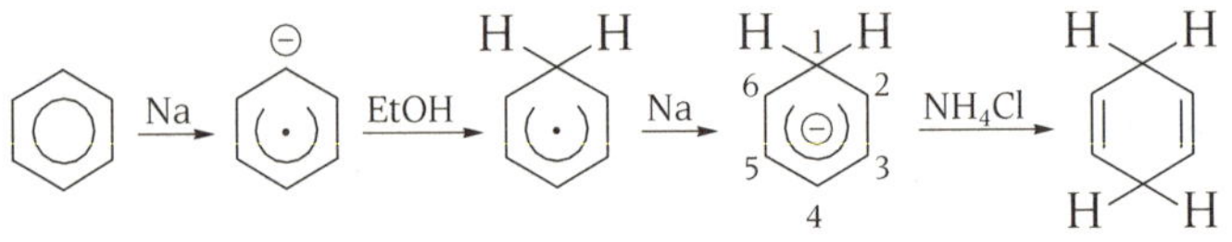

I II III IV V

Du point de vue thermodynamique, il est prévisible que le cyclohexa-1,3-diène (VI), qui est un système conjugué, soit plus stable que le cyclohexa-1,4-diène (V). De ce fait, la quatrième étape qui implique l'attaque électrophile par NH_4^+ doit impérativement être sous contrôle cinétique. Il s'ensuit que l'atome dans IV dont la densité électronique est la plus élevée est le carbone 4.

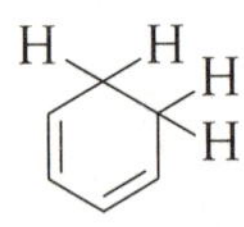

VI

Laquelle, parmi les études suivantes, devrait être entreprise en vue de confirmer cette conclusion ?

A. Une étude visant à comparer la stabilité thermodynamique du cyclohexa-1,3-diène avec celle du cyclohexa-1,4-diène.

B. La détermination de la vitesse de la réaction.

C. Une étude, par RMN du ^{13}C, de l'intermédiaire anionique.

D. Une étude de l'interconversion, sous catalyse basique, du cyclohexa-1,3-diène et du cyclohexa-1,4-diène.

30 Deux molécules d'éthanol peuvent s'associer par liaison hydrogène grâce à la paire électronique libre située sur l'oxygène de l'une et à l'hydrogène hydroxylique d'une autre. La force de ce type de liaison hydrogène est de l'ordre de 20 kJ mol^{-1}. Ainsi donc, la constante d'équilibre (K) qui concerne la formation d'une liaison hydrogène est égale à $e^{20/RT,}$ c'est-à-dire à environ 1000 à la température ordinaire. Ceci suggère que dans de l'éthanol pur, près de 99,9 % des molécules seront associées à d'autres molécules d'éthanol par des liaisons hydrogène.

Laquelle, parmi les assertions suivantes, met le mieux en exergue les défauts de l'argumentation ?

A. La force d'une liaison hydrogène est une mesure du $\Delta H^{\ominus}$ et non du $\Delta G^{\ominus}$.

B. L'équation $\Delta G^{\ominus} = -RT \ln K$ ne s'applique pas à des liquides purs.

C. Dans un liquide pur, la concentration est définie comme étant égale à 1.

D. La véritable valeur de la constante d'équilibre est $e^{-20/RT}$ soit environ 1/1000.

E. Il n'y a pas d'erreur dans l'argumentation présentée.

2

CONSTRUIRE UNE ARGUMENTATION

Une argumentation est un agencement séquentiel d'idées (d'affirmations) qui aboutissent à une conclusion logique. La construction d'une argumentation fait partie intégrante du processus selon lequel des observations expérimentales sont interprétées, mises en relation avec les connaissances déja acquises et communiquées aux autres scientifiques. Dans ce chapitre, chaque exercice implique l'élaboration d'une argumentation en disposant trois affirmations selon une succession logique et en y adjoignant des mots adéquats en vue connecter de manière cohérente la troisième affirmation à la deuxième. Les exemples présentés n'aboutissent pas toujours à une même structure argumentative. Les structures possibles sont du type :

- X, Y, et dès lors Z.
- X, Y, ce qui illustre ou démontre Z.
- X, Y, ce explique pourquoi Z.

La solution complète pour chaque exercice exige

- que l'on aligne selon une suite logique chaque affirmation (représentée par les trois lettres majuscules)
- que l'on ajoute des mots adéquats entre la deuxième et la troisième affirmation en vue de les connecter en toute logique.
- que l'on justifie les raisons du choix de l'agencement séquentiel retenu par rapport aux autres possibilités.

En tentant d'opter pour l'une ou l'autre solution, il est indispensable de garder deux choses à l'esprit :

Primo, dans un passage correctement écrit du point de vue linguistique, le choix des mots employés dans une affirmation dépend bien entendu de la position de ladite affirmation dans l'argumentation. Par exemple, un passage au sujet d'un composé déterminé caractérisera celui-ci par son nom dans la première affirmation, mais probablement par « il » dans la seconde affirmation. Dans ces passages, une attention toute particulière a été apportée à la nature des mots afin d'éviter que ce genre d'indices n'induisent le lecteur en erreur. Ceci ne signifie pas qu'il n'y ait pas d'indices linguistiques dans les affirmations, étant donné que des différences comparativement très petites dans la structure d'une phrase peuvent avoir une influence considérable sur leur signification.

Secundo, nous avons délibérément décidé de ne pas prévoir la nécessité d'ajouter des mots de connexion entre les deux premières affirmations. Une telle restriction dans la structure de l'argumentation vise tout simplement à éviter que les séquences logiques attendues ne se compliquent par des tas d'autres possibilités du genre :

A. Ceci est illustré par B. Ce qui conforte l'hypothèse C.

L'usage trop imaginatif de ce type d'informations pourrait offrir la possibilité de créer diverses séquences logiques à partir des informations apparaissant dans les exercices. Voila pourquoi il nous a paru indispensable de n'autoriser l'usage de mots de connexion qu'entre la seconde et la troisième affirmation.

En guise de mise en train, nous avons joint un commentaire au sujet du premier exercice. Dans le chapitre 6, vous trouverez des commentaires relatifs à tous les autres exercices de numéro impair.

1 **A.** Lorsqu'on traite du phénol par de l'eau de brome, on obtient, comme produit, du 2,4,6-tribromophénol.

B. Le phénol réagit avec les électrophiles.

C. Le groupe OH oriente en *ortho-para.*

Commentaire en guise de mise en train

LA MEILLEURE SUITE LOGIQUE EST B, A, ET DÈS LORS C.

Le phénol réagit avec les électrophiles. Lorsqu'on traite du phénol par de l'eau de brome, on obtient, comme produit, du 2,4,6-tribromophénol. On peut donc en déduire que le groupe OH oriente en ortho-para.

La séquence « B, C, et dès lors A » peut sembler attrayante parce que sa stucture est parfaitement logique. En fait cependant, cette logique apparente est fausse : la mise en commun des affirmations B et C amène à prédire qu'une telle réaction fournirait un mélange de divers dérivés ortho et para, alors que ceci ne correspond pas à l'observation présentée en A.

Comme alternative à « B, A, et dès lors C », on pourrait envisager « A, B, et dès lors C ». D'après nous, la première séquence se lit plus facilement ; il semble qu'il soit plus naturel de partir de la généralisation (B), puis d'y adjoindre l'exemple particulier qu'est (A), en vue finalement d'en tirer la conclusion (C).

D'autres phrases de connexion sont possibles, du style « ceci démontre que » ou « ceci indique de toute évidence que ».

2 **A.** La synthèse d'un acide phosphorique de qualité engrais (c'est-à-dire impur) est moins onéreuse que celle de l'acide phosphorique pur.

B. La synthèse de l'acide phosphorique pur implique diverses étapes incluant la sublimation du phosphore blanc, P_4.

C. L'acide phosphorique de qualité engrais peut être synthétisé en une seule étape, étant donné qu'il ne doit pas être d'une grande pureté.

3 **A.** Les composés qui contiennent un seul atome de carbone chiral existent sous forme de deux énantiomères, chacun desquels est doué d'un pouvoir rotatoire vis-à-vis de la lumière polarisée plane.

B. Un atome de carbone est qualifié de chiral lorsque quatre substituants différents y sont liés par covalence.

C. Chaque énantiomère de l'acide lactique provoque une rotation du plan de la lumière polarisée.

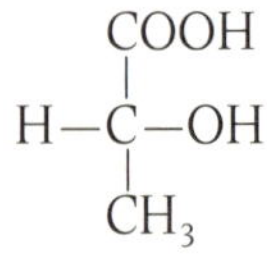

Acide lactique

4 **A.** L'acide lactique se présente sous forme de deux énantiomères et est décrit comme étant une molécule chirale.

B. L'acide lactique naturel est l'un parmi deux énantiomères possibles et il provoque une rotation du plan de la lumière polarisée.

C. Les molécules chirales possédant un seul centre d'asymétrie provoquent une rotation du plan de la lumière polarisée.

5 **A.** Dans le cas d'oxacides monoprotiques, l'espèce qui contient le plus grand nombre de groupes oxo est caractérisée par le plus petit pK_a.

B. $HClO_4$ est un acide plus fort que $HClO_3$.

C. $HClO_4$ contient plus de groupes oxo que $HClO_3$.

6 **A.** L'hydroxyde de zinc est un ampholyte.

B. L'ajout de NaOH(*aq*) à du $ZnCl_2$(*aq*) donne lieu à l'apparition d'un précipité blanc qui se redissout dans un excès de base.

C. L'hydroxyde de zinc est soluble dans l'acide chlorhydrique dilué.

7 **A.** Le graphite présente une structure en feuillets.

B. Le graphite est onctueux au toucher et peut servir à la préparation de lubrifiants.

C. Les feuillets du graphite sont maintenus ensemble grâce à des forces de van der Waals.

8 **A.** Un groupe méthyle fixé sur un cycle benzénique est relativement électrodonneur (en comparaison avec un H).

B. Les agents de nitration, comme par exemple l'ion nitronium (NO_2^+), attaquent les sites riches en densité électronique.

C. La vitesse de nitration du méthylbenzène est supérieure à celle de la nitration du benzène.

9 **A.** Une solution qui contient du thiocyanate donne une couleur rouge en présence d'ions Fe^{3+}.

B. La solution X donne une couleur rouge quand on y ajoute des ions Fe^{3+}.

C. La solution X contient du thiocyanate.

10 **A.** Le platine est employé comme catalyseur dans les pots catalytiques des moteurs à explosion.

B. Le plomb fait preuve d'une forte affinité vis-à-vis du platine et il désactive son pouvoir catalytique.

C. Les constructeurs d'automobiles avertissent les usagers de véhicules munis de pots catalytiques qu'ils ne peuvent rouler qu'avec de l'essence sans plomb.

11 **A.** Le méthanol forme des liaisons hydrogène et est un liquide.

B. La capacité de former des liaisons hydrogène peut avoir une grande influence sur les propriétés physiques d'un composé.

C. Le méthane ne forme pas de liaisons hydrogène et est un gaz.

12 **A.** En présence d'une enzyme appropriée, l'hydrolyse de l'adénosine triphosphate en adénosine diphosphate et en phosphate inorganique se réalise rapidement à la température ordinaire en solution aqueuse neutre.

B. L'adénosine triphosphate est instable du point de vue thermodynamique mais stable du point de vue cinétique à la température ordinaire en solution aqueuse neutre.

C. Une solution aqueuse d'adénosine triphosphate pure est stable à la température ordinaire.

13 **A.** La constante d'équilibre d'une réaction est définie comme étant le produit des activités des produits divisé par le produit des activités des réactifs, lorsque le système est à l'équilibre.

B. Dans le cas de la réaction A $\rightleftharpoons$ B, la constante d'équilibre vaut 1.

C. Lorsque A et B sont en équilibre, leurs activités sont égales.

14 **A.** La longueur de la liaison C—N dans les amides, —C(O)—NH—, est inférieure à celle présente dans les amines saturées, $—CH_2—NH_2$, mais supérieure à celle des imines, —CH═NH.

B. Un amide est mieux représenté sous forme d'un hybride de résonance.

C. Le concept d'hybride de résonance correspond à un mode de représentation de certaines molécules pour lesquelles on peut dessiner plus d'une structure électronique valentielle, et dont les propriétés ne sont représentées de façon satisfaisante par aucune de celles-ci en particulier.

15 **A.** Le nitrate, le chlorate et le perchlorate d'ammonium sont des sels instables qui se décomposent très facilement sous l'action de la chaleur.

B. Le nitrate, le chlorate et le perchlorate sont des ions dont le trait commun est d'être de puissants oxydants.

C. Les sels ammoniacaux d'anions oxydants sont instables.

16 **A.** Lorsque du chlorate d'argent se décompose, il y a augmentation d'entropie.

B. Il y a plus de désordre dans les gaz que dans les solides cristallins.

C. Le chlorate d'argent, qui est un solide cristallin, se décompose selon l'équation suivante :

$$2AgClO_3(s) \rightarrow 2AgO(s) + 2O_2(g) + Cl_2(g)$$

17 **A.** La somme des rayons covalents relatifs à P et à O vaut 0,176 nm.

B. Dans le pentoxyde de phosphore, P_2O_5, diverses liaisons P—O présentent des longueurs de liaison valant, respectivement, 0,160 et 0,143 nm.

C. P et O sont capables de former une liaison dπ-pπ.

18 **A.** L'efficience de l'utilisation de la partie visible du rayonnement solaire lors de la photosynthèse est limitée par des facteurs tels que le rendement quantique de la photosynthèse, la réflexion de la lumière par les feuilles, la photorespiration ainsi que l'absence de feuilles à certaines périodes de l'année.

B. Seule une petite fraction du rayonnement solaire atteignant le sol peut être récupérée sous forme d'énergie chimique par la végétation.

C. L'énergie qui sert à entretenir la photosynthèse est fournie par le rayonnement électromagnétique correspondant à la partie visible du spectre et ceci représente à peu près la moitié de la totalité du rayonnement solaire qui atteint notre planète.

19 **A.** De nombreux complexes du Co(III) sont inertes vis-à-vis de toute substitution.

B. De nombreux complexes du Co(III) sont octaédriques et sont caractérisés par des configurations électroniques en d^6 à bas spin.

C. Les complexes octaédriques caractérisés par des configurations électroniques en d^6 à bas spin sont inertes vis-à-vis de toute substitution par des ligands.

20 **A.** Les composés des éléments du bloc *d* sont habituellement colorés en raison de transitions électroniques entre les orbitales *d*.

B. Les composés du Zn^{2+} sont blancs.

C. Les composés du Zn^{2+} sont caractérisés par un remplissage complet de leurs orbitales *d*.

21 **A.** Les esters aliphatiques saturés absorbent dans la région infrarouge aux alentours de 1740 cm^{-1}.

B. Le composé X absorbe un rayonnement infrarouge vers 1740 cm^{-1}.

C. Le composé X est un ester aliphatique saturé.

22 **A.** Les noyaux de ^{13}C peuvent être directement détectés par leur spectre de résonance magnétique nucléaire, alors qu'il n'en va pas de même pour les noyaux de ^{12}C.

B. Certains réactifs, dans lesquels des carbones bien précis sont enrichis en ^{13}C, sont très utiles pour étudier les mécanismes des réactions.

C. Le ^{13}C est un isotope stable du carbone qui possède pratiquement les mêmes propriétés chimiques que l'isotope abondant qu'est le ^{12}C.

23 **A.** $SiCl_4$ est une molécule tétraédrique.

B. $SiCl_4$ est une molécule hybridée en sp^3.

C. L'hybridation en sp^3 donne naissance à des molécules tétraédriques.

... Et je voudrais pous sépulture un modèle géant de molécule de tétrachlorure de silicium...

24 **A.** O_2 est paramagnétique.

B. Le paramagnétisme implique la présence d'électrons célibataires.

C. O_2 possède des électrons célibataires.

25 **A.** Seuls les composés présentant une distribution asymétrique de leurs électrons sont caractérisés par un moment dipolaire.

B. $Ge(CH_3)_4$ n'a pas de moment dipolaire.

C. $Ge(CH_3)_4$ présente une symétrie parfaite.

26 **A.** Le titane(IV) ne possède plus d'électrons sur sa couche de valence, tandis que le titane(III) en possède un, de sorte que le remplacement, dans un réseau cristallin, d'un ion Ti^{4+} par un ion Ti^{3+} ajoute un électron supplémentaire audit réseau.

B. On obtient un semi-conducteur de type *n* en introduisant un excès d'électrons négatifs dans un réseau.

C. Un réseau de Ti^{4+} dopé par des ions Ti^{3+} est un semi-conducteur de type *n*.

27 **A.** BF_3 forme aisément un adduit avec l'ammoniac.

B. BF_3 possède six électrons de valence.

C. L'ammoniac est une base de Lewis.

28 **A.** Dans les conditions standard, le titane(IV) ne peut pas être réduit en titane(III) par SO_3^{2-}.

B. Dans les conditions standard, le vanadium(V) peut être réduit en vanadium(IV) par SO_3^{2-}.

C. Le potentiel standard de réduction du couple vanadium(V)/vanadium(IV) est plus élevé que celui du couple titane(IV)/titane(III).

29 **A.** Les sels qui contiennent des anions et des cations dont les rayons sont très différents sont généralement plus solubles dans l'eau que les sels constitués d'ions de rayons similaires.

B. Les rayons ioniques de Na^+ et de K^+ valent respectivement 0,102 et 0,138 nm.

C. Les sels potassiques d'anions volumineux sont en général moins solubles dans l'eau que les sels sodiques correspondants.

30 **A.** Après traitement par D_2O, les amides ne présentent pas de bande d'absorption dans la région de 3200 cm^{-1}.

B. La liaison N—H dans les amides subit un échange aisé avec l'hydrogène de l'eau.

C. Les amides laissent entrevoir un pic d'absorption infrarouge dans la région de 3200 cm^{-1}, qui est attribué à l'élongation de la liaison N—H.

31 **A.** Selon le procédé Haber, l'ammoniac est synthétisé à partir d'azote et d'hydrogène à une température se situant dans la fourchette de 400 à 500 °C.

B. La réaction

$$3H_2 + N_2 \rightleftharpoons 2NH_3$$

est exothermique, de sorte que le principe de Le Chatelier indique que la production d'ammoniac sera favorisée aux plus basses températures.

C. À la température ordinaire, la vitesse de la réaction de l'azote avec l'hydrogène est trop lente pour être applicable à l'échelle industrielle.

32 **A.** La solubilité de $MgCl_2$ dans l'eau est supérieure à celle de $BaCl_2$.

B. Mg^{2+} est plus petit que Ba^{2+} et présente donc une densité de charge plus élevée.

C. Les molécules d'eau interagissent plus fortement avec Mg^{2+} qu'avec Ba^{2+}.

33 **A.** La plupart des molécules qui sont pourvues de plusieurs doubles liaisons conjuguées présentent une coloration.

B. L'énergie nécessaire pour exciter un électron dans les molécules pourvues de doubles liaisons conjuguées se situe le plus souvent entre 2×10^{-19} et 5×10^{-19} joules.

C. L'énergie d'un photon provenant de la région visible du spectre se situe entre 2×10^{-19} et 5×10^{-19} joules.

34 **A.** L'activité d'une substance en solution est définie comme étant :

concentration × coefficient d'activité / l'état standard

B. La valeur d'une constante d'équilibre se calcule à partir des activités et pas à partir des concentrations.

C. Une constante d'équilibre n'a pas de dimension.

35 **A.** La masse volumique du graphite est inférieure à celle du diamant.

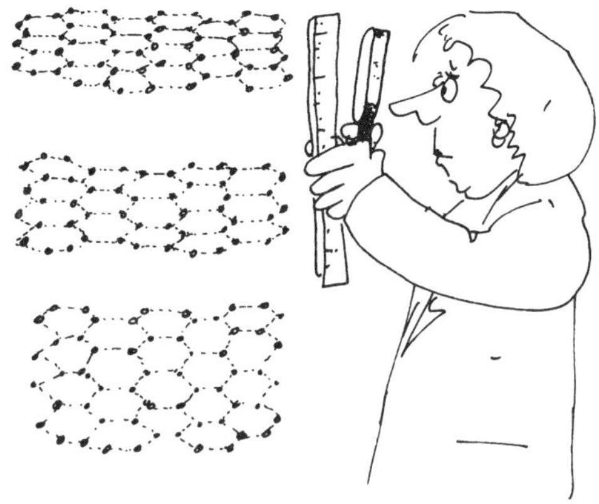

B. Le graphite est constitué de feuillets bidimensionnels d'atomes de carbone, séparés par une distance d'environ 0,335 nm.

C. Dans un feuillet bidimensionnel de graphite, chaque atome de carbone est lié de manière coplanaire à trois autres (longueur des liaisons : 0,140 nm), tandis que dans le diamant, les atomes de carbone sont disposés de manière tétraédrique et la longueur des liaisons y atteint 0,154 nm.

36 **A.** Un carbocation allyle peut être décrit par plus d'une structure de résonance.

B. Un carbocation allyle est plus stable qu'un carbocation propyle.

C. La stabilisation par résonance joue un rôle important dans la stabilité des carbocations.

37 **A.** H_3AsO_4 réagit avec une solution aqueuse d'iodure et il se forme, selon un processus équilibré, du $HAsO_2$ et de l'iode.

B. Lorsqu'on ajoute du chlorure d'étain(II) en excès à du H_3AsO_4 en présence d'iodure, la totalité du H_3AsO_4 est transformée en $HAsO_2$.

C. Le chlorure d'étain(II) réduit l'iode en iodure.

38 **A.** Lorsqu'elle est exécutée à tempétature et pression constantes, la réaction entre H_2S et l'oxygène est caractérisée par un terme enthalpique favorable.

B. Lorsque H_2S et l'oxygène réagissent selon l'équation donnée ci-après, le $\Delta G^{\ominus}$ est négatif.

$$2H_2S(g) + 3O_2(g) \rightarrow 2H_2O(l) + 2SO_2(g)$$

C. L'entropie diminue lorsque le nombre de molécules diminue au cours d'une réaction et lorsque des liquides sont produits à partir de gaz.

39 **A.** L'enthalpie de formation de $C_8H_{18}(g)$ est égale à -169 kJ mol^{-1}.

B. L'enthalpie de formation de $H_2O(g)$ est égale à -242 kJ mol^{-1} et celle de $CO(g)$ vaut -111 kJ mol^{-1}.

C. La valeur du $\Delta H^\ominus$ relatif à l'obtention d'octane (C_8H_{18}) à partir de H_2 et de CO gazeux est de –1217 kJ mol^{-1}.

$$8CO(g) + 17H_2(g) \rightarrow C_8H_{18}(g) + 8H_2O(g)$$

40 **A.** Les particules α sont chargées positivement et celles qui proviennent de sources naturelles sont peu rapides.

B. Les éléments caractérisés par un numéro atomique élevé possèdent des noyaux fortement chargés positivement, lesquels exercent une répulsion vis-à-vis des particules α peu rapides.

C. Seules des particules α qui ont été accélérées sont capables de provoquer des réactions nucléaires avec les éléments de numéro atomique élevé.

3
LIRE DE MANIÈRE CRITIQUE

Tout auteur doit faire des suppositions au sujet de ses lecteurs et chaque lecteur est différent. Par conséquent, il est toujours possible que les besoins du lecteur ne soient pas exactement comblés par les mots de l'auteur, de sorte que le lecteur doit absolument être préparé à interpréter ce qui est écrit. L'interprétation est tout particulièrement importante lorsqu'on lit en vue d'apprendre plutôt que par plaisir.

Le plus souvent, interpréter signifie se poser des questions au sujet des mots dont sont composées les phrases.

- L'auteur a-t-il supposé que vous êtes censé connaître et comprendre tel ou tel fait ou principe alors que ce n'est en réalité pas le cas ?
- Avez-vous fait l'effort d'intégrer les nouvelles idées présentées à ce que vous connaissez déja ?
- L'auteur a-t-il simplifié quelque notion au-delà de ce qui vous semble raisonnable ?
- L'auteur a-t-il omis de présenter l'une ou l'autre preuve importante qui aurait pu étayer une idée avancée ? Auriez-vous envie de demander « comment peut-on savoir cela » ?
- Pensez-vous que l'auteur se trompe ? (Ceci est toujours possible ; mais il est tout aussi possible que ce soient vos propres idées embrouillées qui font que ce qui est écrit *paraisse* faux ; c'est pourquoi, il est impératif, à tout moment, de se demander si ce qui est écrit *semble* correct.)

Pour reconnaître si on a oui ou non parfaitement compris un passage particulier, il faut beaucoup d'expérience et d'habileté. Une telle tâche qui consiste à se demander la signification de ce qu'on a lu exige du courage et de la confiance en soi. Les exercices de ce chapitre ont été conçus pour vous aider à acquérir les déclics voulus qui feront de vous des lecteurs critiques (et donc efficaces).

Il est à noter que « critique » n'a pas ici le sens d'un jugement négatif porté sur l'auteur ou sur le texte. Certes, il est bien vrai que des erreurs se retrouvent ci et là dans la littérature scientifique, qu'il s'agisse de notes de cours pour étudiants ou de manuels de laboratoires. Ce ne sont pas ces coquilles qui nous préoccupent. Bien plus, nous n'avons pas repris les exemples de passages qui, selon nous, sont incorrects, ambigus, mal écrits ou prêtant à confusion. Le mot « critique » se réfère, dans ce chapitre, à une lecture vigilante.

Chaque exercice repose sur un extrait repris d'un livre, d'une revue ou d'un journal (parfois soigneusement écourté). Dans certains cas, la tâche revient à sélectionner une réponse parmi celles qui sont présentées. Dans d'autres, des questions précises sont posées, auxquelles il est possible de répondre simplement et en peu de mots. Certains exercices (27-37) impliquent l'interprétation de données numériques. D'autres encore invitent à écrire un paragraphe qui permettrait d'expliquer le passage présenté à une personne dépourvue de connaissances scientifiques. Ceci ne veut pas dire que les mots doivent y être remplacés par de simples synonymes : au contraire, la tâche demandée consiste à interpréter le texte dans une logique de vulgarisation. À la fin du chapitre, apparaissent quelques exercices qui consistent à rédiger un texte à l'attention d'autres scientifiques ; il s'agit de reformuler des procédés expérimentaux décrits dans la littérature de manière à fournir les informations suffisantes pour que quelqu'un d'autre puisse répéter le travail. Vous découvrirez qu'il faut se forger un esprit créatif lorsqu'il s'agit de réorganiser ces modes opératoires sous forme d'un ensemble d'instructions.

Comme c'était le cas dans les deux premiers chapitres, nous avons ajouté un commentaire au niveau du premier exercice en guise de mise en train. Toutefois, en raison de la nature très diversifiée des exercices de ce chapitre, il est peu probable que les indications relatives à l'exercice 1 puissent vous aider directement lorsque vous envisagerez les autres exercices. Au cas où vous estimeriez que les derniers exercices sont trop difficiles, il vous suffira de consulter les commentaires qui figurent à la fin du livre.

1 Jusqu'il y a peu, on pensait que le carbone ne se présentait que sous deux variétés allotropiques principales : le diamant et le graphite. Ces deux formes sont des solides constitués d'un réseau cristallin covalent, dont les structures ont été décrites de manière détaillée précédemment. Dans le diamant, chaque atome de carbone est lié selon un mode tétraédrique (sp^3) à quatre autres atomes de carbone. Pour déplacer, dans un cristal de diamant, un plan d'atomes de carbone par rapport à un autre, il faut rompre un grand nombre de solides liaisons carbone-carbone. C'est pour cette raison que le diamant est l'une des substances les plus dures que l'on connaisse. À l'état tout à fait pur, le diamant est une substance incolore, tandis que les diamants naturels sont parfois colorés par des impuretés.

D D Ebbing, *General Chemistry* (5th edition), Houghton Mifflin, **1996**

Laquelle, parmi les assertions suivantes, constitue la meilleure supposition sous-jacente à ce texte ?

A. Dans le diamant, les liaisons interatomiques sont plus nombreuses par unité de volume et/ou sont plus fortes que les liaisons interatomiques de presque toutes les autres substances.

B. Le diamant est caractérisé par une dureté de 10 dans l'échelle de Mohs.

C. De nouvelles variétés allotropiques du carbone (les fullérènes) viennent d'être découvertes.

D. Les diamants colorés sont moins durs que les diamants incolores.

Commentaire en guise de mise en train

LE MEILLEUR CHOIX EST A.

Dans le texte, il est dit que pour déplacer, dans le diamant, un plan d'atomes de carbone par rapport à un autre, il faut rompre un grand nombre de « solides liaisons carbone-carbone ». En fait, une constatation similaire pourrait être faite au sujet d'autres structures réticulaires géantes, par exemple la silice $(SiO_2)_n$. Insinuer que le diamant est « l'une des substances les plus dures que l'on connaisse » signifie qu'il est plus difficile d'y rompre les liaisons carbone-carbone que de rompre les liaisons dans d'autres structures réticulaires géantes. Par conséquent, il faut, soit que les liaisons carbone-carbone soient plus solides, soit qu'il y en ait davantage (que leur distribution soit plus dense) par rapport aux liaisons dans les autres structures réticulaires géantes. C'est cela que l'auteur du passage repris suppose connu.

B est exact, mais il ne s'agit pas d'une supposition sous-jacente au texte ; l'information B donne une estimation semi-quantitative de la dureté des diamants.

C est véridique, et se rapporte à la première phrase du passage. Mais ceci n'en fait pas une présupposition.

D est une remarque intéressante parce que, comme le texte l'indique, les diamants colorés contiennent des impuretés et celles-ci doivent créer des défauts dans le réseau cristallin. Étant donné que la résistance d'une substance est limitée par ses liaisons les plus faibles, la dureté des diamants colorés doit certainement être un peu moindre par rapport à celle des diamants incolores. Quoi qu'il en soit, la dernière phrase du texte ne nous semble pas être en relation avec l'argumentation principale concernant la dureté du diamant, de sorte que D n'est pas un fait supposé connu, même s'il est scientifiquement correct. (On gardera à l'esprit que les impuretés dans les diamants colorés sont, de toute façon, trop peu nombreuses pour en diminuer la dureté de manière significative.)

2 Le scandium est probablement aussi comparable à l'aluminium qu'à l'yttrium et aux lanthanides en raison de son très petit rayon ionique (0,68 Å)...Son fluorure est insoluble dans l'eau mais se dissout aisément dans un excès de HF ou dans NH_4F, en formant des complexes fluorés du type $[ScF_6]^{3-}$ et la ressemblance vis-à-vis de Al est confirmée par l'existence d'une phase de type cryolithe, Na_3ScF_6.

F A Cotton & G Wilkinson, *Advanced Inorganic Chemistry* (5th edition), John Wiley & Sons, **1988**

Laquelle, parmi les assertions suivantes, est une supposition sous-jacente à ce texte ?

A. Le scandium et l'aluminium présentent des rayons similaires.

B. L'aluminium se retrouve à l'état naturel sous forme de cryolithe.

C. La cryolithe a pour formule Na_3AlF_6.

D. La cryolithe est insoluble dans l'eau mais elle se dissout dans HF.

E. La structure de type cryolithe est celle qu'adoptent de nombreux sels constitués de petits cations et de gros anions.

3 Le test de Tollens qui permet de faire la distinction entre les aldéhydes et les cétones repose sur la différence d'oxydabilité de ces deux classes de composés. Lors de ce test, de l'argent ionisé en solution ammoniacale joue le rôle d'un agent oxydant doux. L'argent(I) est réduit en argent métallique par les aldéhydes mais pas par les cétones. Lorsqu'on exécute ce test, on ajoute à un échantillon du composé un peu de réactif de Tollens, ceci dans un flacon ou un tube à essai bien propres. Si le composé est un aldéhyde, on assiste, après quelques minutes, à l'apparition d'un dépôt d'argent métallique sur la paroi interne du récipient de verre, bref à un miroir d'argent.

D D Ebbing, *General Chemistry* (5th edition),
Houghton Mifflin , **1996**

Lesquelles, parmi les assertions suivantes, représentent des raisons plausibles de l'emploi d'une solution d'ammoniaque ?

A. Celle-ci rend la solution alcaline.

B. Elle complexe l'ion argent.

C. Elle joue le rôle d'un détergent doux, ce qui nettoie parfaitement le verre en surface.

D. Elle neutralise l'acide qui se forme lors de l'oxydation de l'aldéhyde.

E. Elle complexe l'aldéhyde.

F. Elle empêche le film d'argent qui se forme de se redissoudre.

G. Elle agit en tant qu'agent de réduction secondaire.

4 En phase vapeur, les halogénures des métaux alcalins se présentent surtout sous forme de paires d'ions, encore que des mesures de longueurs de liaisons et de moments dipolaires suggèrent que, dans ces conditions, des mises en commun d'électrons sont également impliquées dans une assez grande mesure, en particulier s'il s'agit d'halogénures de lithium.

A G Sharpe, *Inorganic Chemistry* (3rd edition),
Longman, **1992**

Laquelle, parmi les assertions suivantes, représente le mieux le point crucial de ce texte ?

A. Les halogénures des métaux alcalins sont essentiellement ioniques.

B. Les mesures de longueurs de liaisons et de moments dipolaires constituent des méthodes efficaces pour estimer l'importance de la mise en commun d'électrons.

C. Les halogénures alcalins présentent quelque caractère covalent.

5 Une molécule qui est située au sein de la masse d'un liquide a tendance à être attirée de manière égale dans toutes les directions, de sorte qu'elle ne fait l'objet d'aucune force nette. Par contre, une molécule qui est située à la surface dudit liquide ressent une attraction effective de la part des autres molécules vers l'intérieur de celui-ci. Il en résulte que pour un liquide, l'étendue de sa surface tend à se réduire au maximum possible. Ceci explique pourquoi les gouttes de pluie qui nous tombent sur la tête sont pratiquement sphériques.

De l'énergie est requise pour inverser cette tendance manifestée par les liquides à diminuer l'étendue de leur surface. On appelle tension superficielle l'énergie dont a besoin un liquide pour augmenter l'étendue de sa surface d'une unité.

La tension superficielle d'un liquide peut être modifiée par certaines substances qui y seraient dissoutes. Les savons et détergents, en particulier, font diminuer radicalement la tension superficielle de l'eau. Une expérience intéressante et toute simple permet de montrer l'effet d'un savon sur la tension superficielle. À cause de sa tension superficielle, un liquide se comporte un peu comme s'il avait une peau. Il est parfaitement possible de faire flotter une épingle sur de l'eau si vous la déposez précautionneusement en surface. Mais si vous laissez tomber une seule goutte de solution savonneuse sur cette eau, le savon se répartira sur l'ensemble de la surface et l'épingle coulera. Les punaises d'eau coulent également dans l'eau additionnée de savon.

D D Ebbing, *General Chemistry* (5th edition),
Houghton Mifflin, **1996**

a) *Lesquelles, parmi les assertions suivantes, sont des suppositions sous-jacentes à ce texte ?*

A. Les molécules du liquide forment entre elles des liaisons plus fortes qu'avec les molécules de n'importe quelle autre substance se situant à l'interface.

B. La tension superficielle a, pour unités, $J\ m^{-2}$.

C. Les substances dissoutes ont pour effet de modifier la nature des interactions entre les molécules dans le solvant.

D. Les molécules d'eau interagissent entre elles plus fortement qu'elles n'interagissent avec la surface d'une épingle.

E. La tension superficielle d'un liquide est définie comme étant mesurée à l'interface avec l'air.

F. Les punaises d'eau sont capables de marcher sur de l'eau pure.

b) *Écrire un petit texte expliquant en termes simples pourquoi l'épingle flotte à la surface de l'eau et pourquoi elle coulerait si on ajoutait du savon.*

6 C'est Neil Bartlett, alors chercheur à l'Université de Colombie-Britannique, qui a synthétisé le premier composé à base d'un gaz noble après qu'il eut découvert que l'oxygène moléculaire réagit avec l'hexafluorure de platine, PtF_6, de manière à former un acide ionique de formule $[O_2^+][PtF_6^-]$. Étant donné que l'énergie d'ionisation du xénon ($1{,}17 \times 10^3$ kJ mol^{-1}) est proche de celle de l'oxygène moléculaire ($1{,}21 \times 10^3$ kJ mol^{-1}), Bartlett supposa que le xénon n'avait aucune raison de ne pas réagir avec l'hexafluorure de platine. Et c'est ainsi qu'il publia en 1962 la synthèse d'un composé jaune-orange de formule approximative $XePtF_6$.

D D Ebbing, *General Chemistry* (5th edition),
Houghton Mifflin, **1996**

(En réalité, la composition de ce produit est variable et peut être représentée par la formule $Xe(PtF_2)_n$, où n est compris entre 1 et 2.)

Laquelle, parmi les propositions suivantes, semble d'après vous le mieux représenter l'étape qui, dans le raisonnement de Bartlett, l'a amené à penser que le xénon devait réagir avec l'hexafluorure de platine ?

A. Il est en fait énergétiquement plus favorable d'enlever un électron au xénon qu'à une molécule d'oxygène.

B. Il est en fait énergétiquement moins favorable d'enlever un électron au xénon qu'à une molécule d'oxygène.

C. PtF_6 est un puissant agent d'oxydation.

D. Une énergie d'activation élevée empêche normalement le xénon de perdre un électron.

7 Dans le cas où vous voudriez savoir si le tabac est préjudiciable à la santé, vous ne pouvez pas vous contenter de dire « Ma grand-mère fumait 80 cigarettes par jour et elle vit toujours ». Une telle question doit être traitée statistiquement. Il serait plus agréable de vivre sur notre planète s'il y avait un peu plus de parlementaires, de juristes et de dirigeants politiques entraînés à manipuler au moins les statistiques si pas toutes les autres sciences.

R Dawkins, *The Bookseller*, April, **1996**

a) *Avec laquelle, parmi les assertions suivantes, susceptibles ou non d'être en relation avec le texte précédent, êtes-vous le plus d'accord ?*

A. Les statistiques sont incapables de vous dire si oui ou non le fait de fumer pourrait avoir un effet néfaste sur votre propre santé.

B. Cet extrait n'a aucun rapport avec vous, soit parce que votre grand-mère est toujours vivante, soit parce qu'elle fumait en fait moins de 80 cigarettes par jour, soit pour les deux raisons à la fois.

C. Aucune preuve n'indique qu'il serait plus agréable de vivre sur notre planète s'il y avait un peu plus de parlementaires, de juristes et de dirigeants politiques entraînés à manipuler les statistiques.

D. Il y a si peu de personnes qui manient correctement les statistiques que s'il y en avait quelques-unes de plus, cela ne ferait aucune différence.

E. Il faudrait entraîner davantage de personnes à manier correctement les statistiques.

F. Il n'existe aucune preuve qui permette d'affirmer que le tabac nuit à la santé.

G. Les statistiques peuvent être manipulées d'une manière telle qu'il est pratiquement possible de prouver n'importe quel argument.

b) *Formuler un texte destiné à un lecteur qui n'est pas un scientifique, dans lequel vous justifiez pourquoi vous avez choisi telle assertion plutôt qu'une autre.*

8 Dans le cas d'une particule en mouvement dans un espace tridimensionnel, le carré de sa vitesse est égal à la somme des carrés des vitesses considérées selon chacune des directions axiales x, y et z, à savoir v_x, v_y et v_z. Son énergie cinétique est donnée par

$$T = \frac{1}{2}mv_x^2 + \frac{1}{2}mv_y^2 + \frac{1}{2}mv_z^2$$

et enfin l'équation de Schrödinger relative à une particule isolée dans un espace tridimensionnel est

$$\frac{\partial^2\psi}{\partial x^2} + \frac{\partial^2\psi}{\partial y^2} + \frac{\partial^2\psi}{\partial z^2} + \frac{8\pi^2 m}{h^2}(E - V)\psi = 0$$

En outre, la valeur $\Psi^2\,dxdydz$ en n'importe quel point (x,y,z) représente une mesure de la probabilité relative de trouver la particule dans le volume $dxdydz$ centré sur le point (x,y,z). Le fait de multiplier l'équation de Ψ par une constante ne change pas les valeurs relatives de Ψ aux divers points, de sorte que pour respecter le concept de probabilité l'équation de Ψ obtenue pour un système donné doit être normalisée. Ceci revient à dire qu'il faut la multiplier par un coefficient constant de manière à ce que l'intégrale de $\Psi^2\,dxdydz$ soit égale à l'unité pour l'ensemble de l'espace considéré.

A G Sharpe, *Inorganic Chemistry* (3rd edition), Longman, **1992**

(N.d.tr. : ce dessin humoristique fait allusion à la célèbre expérience paradoxale de Schrödinger impliquant un chat.)

Laquelle, parmi les assertions suivantes, représente le mieux l'important message que cet extrait de texte tente de faire passer ?

A. L'énergie cinétique de la particule est $\frac{1}{2}mv_x^2 + \frac{1}{2}mv_y^2 + \frac{1}{2}mv_z^2$

B. La mécanique ondulatoire est un outil très performant lorsqu'il s'agit de prédire la probabilité de trouver un électron dans un volume donné de l'espace.

C. Les valeurs relatives de Ψ aux divers points de l'espace ne sont pas modifiées lorsqu'on multiplie l'équation de Ψ par une constante.

D. Schrödinger était un génie.

E. L'équation de Schrödinger relative à une particule isolée dans un espace tridimensionnel est

$$\frac{\partial^2\psi}{\partial x^2} + \frac{\partial^2\psi}{\partial y^2} + \frac{\partial^2\psi}{\partial z^2} + \frac{8\pi^2 m}{h^2}(E - V)\psi = 0$$

9 L'Union européenne souhaite que le méthane et l'oxyde nitreux fassent immédiatement partie de la liste des gaz à effet de serre soumis à convention (en vue de fixer des limites aux taux d'émission).

Le groupe intergouvernemental d'experts du changement de climat des Nations unies (IPCC, pour *I*ntergovernmental *P*anel on *C*limate *C*hange), qui fournit les données scientifiques aux conférenciers traitant du climat, admet que l'estimation du taux d'émission du méthane résultant des activités de la population terrestre pourrait être erroné de 20 % et que l'erreur sur l'oxyde nitreux pourrait atteindre 60 %. De fait, si l'estimation des émissions de méthane en provenance des charbonnages, des pipe-lines de gaz naturel et des sites d'enfouissement des déchets est assez précise, celle des pollutions en provenance des glumelles de riz et des excréments du bétail ne l'est pas.

Les calculs du réchauffement à long terme occasionné par des émissions particulières sont compliqués du fait que les différents gaz peuvent se maintenir dans l'atmosphère durant des périodes qui, en moyenne, sont très variables, s'étalant de 12 ans à des milliers d'années. Mesuré sur un intervalle de 100 ans, le bénéfice pour le climat planétaire d'empêcher le dégagement d'une quantité donnée de méthane est 21 fois supérieur par rapport à celui qui correspondrait à éviter la libération de la même quantité de CO_2. Par contre, une estimation portée sur 500 ans indique que le bénéfice se réduit à un facteur de seulement 6,5.

F Pearce, *New Scientist,* 15 March, **1997**

a) *En se basant sur les informations présentées ici, avec laquelle des assertions suivantes êtes-vous le plus en accord ?*

A. Le réchauffement global dû à l'émission de méthane est supérieur au cas du dioxyde de carbone, de sorte qu'il faut prêter davantage d'attention au problème de l'émission du méthane.

B. L'estimation des émissions de méthane à partir des glumelles de riz et des excréments du bétail peut être entachée d'une erreur avoisinant 20 %.

C. Il n'y a pas suffisamment d'informations dans l'extrait présenté pour pouvoir décider si l'émission de méthane ou d'oxyde nitreux en provenance des activités de la population terrestre contribue de manière significative au réchauffement global de la planète.

D. L'Union européenne a raison de vouloir imposer des limites à l'émission de méthane et de N_2O par suite des activités de la population terrestre.

E. Il faudrait imposer des limites au nombre de bestiaux.

b) *Formuler un texte destiné à un lecteur qui n'est pas un scientifique, dans lequel vous justifiez pourquoi vous avez choisi telle assertion plutôt qu'une autre.*

10 Un chimiste spécialisé et compétent en analyse quantitative est tout naturellement persuadé que s'il trouve, par exemple, un médicament dans un échantillon d'urine à raison de 10 ng ml^{-1}, ses collègues devraient obtenir pour ce même échantillon des résultats pratiquement identiques, avec pour seules différences l'impact des erreurs aléatoires. Malheureusement, ceci est loin d'être vrai en pratique. Dans pas mal d'expertises où différents laboratoires sont appelés à collaborer, même lorsque des aliquots méticuleusement préparés d'un échantillon particulier sont distribués et examinés selon les mêmes procédures expérimentales et avec les mêmes types d'appareils, la variabilité des résultats excède souvent très largement celle à laquelle on s'attendrait raisonnablement par suite des erreurs aléatoires. La conclusion inéluctable est que, dans bon nombre de laboratoires, diverses erreurs systématiques non négligeables, tant dans le sens positif que négatif, ne sont ni décelées ni corrigées.

J C Miller & J N Miller, *Statistics for Analytical Chemistry* (2nd edition), Ellis Horwood, **1988**

Laquelle, parmi les assertions suivantes, représente le mieux le message principal qu'apporte cet extrait ?

A. Les chimistes expérimentés en analyse sont cependant parfois peu soigneux, de sorte qu'ils obtiennent des résultats non reproductibles.

B. En chimie analytique, les sources d'erreurs systématiques sont souvent très subtiles, de sorte qu'elles ne peuvent être détectées que par comparaison des résultats de différents laboratoires.

C. Les analyses réalisées en collaboration sont souvent entachées de différences dans la fluctuation des résultats d'un laboratoire à l'autre.

D. Il est logique de s'attendre à des résultats différents en provenance de laboratoires variés qui, s'ils suivent le même procédé analytique, font forcément appel à des manipulateurs dont l'expérience et les qualifications ne sont pas identiques.

E. Les analyses réalisées en collaboration ne donnent pas lieu à des erreurs aléatoires, mais seulement à des erreurs systématiques.

11 Des chimistes de l'Université de Rochester ont « truqué » l'enzyme qui synthétise l'ADN d'une manière telle qu'elle accepte une base non naturelle en provenance du brin d'ADN qui fait office de matrice. La base imitée a globalement le même gabarit que celui de la thymine, mais au contraire de cette dernière, elle est incapable de former de solides liaisons hydrogènes avec la base complémentaire de la thymine, à savoir l'adénine. Quoi qu'il en soit, l'enzyme « reconnaît » la base comme s'il s'agissait de thymine et insère de l'adénine sur le brin complémentaire avec une spécificité pratiquement aussi élevée que pour la thymine elle-même.

« La plupart des traités de biochimie invoquent les liaisons hydrogène comme étant la principale raison du recopiage précis de l'ADN », affirme Eric T Kool, le professeur de chimie qui dirigea ce projet de recherche. Or, dans cette expérience, l'ADN est recopié avec précision, malgré que la base soit tout à fait incapable de se prêter à des liaisons hydrogène conventionnelles.

R Rawis, *Chemical and Engineering News*, 3 March, **1997**

La structure de la « base » artificielle (2,4-difluorotoluène) est présentée ci-dessous, à côté de celle de la thymine face à sa base complémentaire, l'adénine.

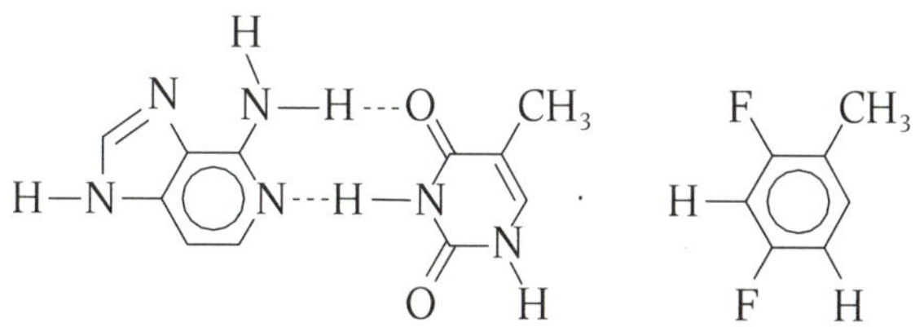

Adénine Thymine 2,4-Difluorotoluène

Dans ce contexte, laquelle, parmi les assertions suivantes, représente le commentaire le plus approprié à propos de la similitude existant entre le 2,4-difluorotoluène et la thymine ?

A. Le fluor est très électronégatif, de sorte qu'il ressemble à l'oxygène dans la thymine en ce sens qu'il forme de solides liaisons hydrogène avec des donneurs appropriés d'hydrogènes.

B. S'il est bien vrai que seul un des oxygènes de la thymine forme une des liaisons hydrogène avec l'adénine, il s'est avéré nécessaire de remplacer les deux oxygènes par du fluor car la thymine (ou son analogue) peut pivoter d'une manière telle que n'importe lequel des oxygènes (dans la thymine) peut servir d'accepteur de liaison hydrogène.

C. Bien que le fluor soit normalement considéré comme un bon accepteur de liaison hydrogène, ceci n'est pas le cas lorsqu'il est fixé sur un cycle aromatique, étant donné que ses paires électroniques libres sont susceptibles d'être délocalisées au sein de l'ensemble du cycle électronique.

D. Le 2,4-difluorotoluène est aromatique alors que la thymine ne l'est pas, de sorte que la première molécule n'est pas un bon analogue de la seconde.

12 L'incapacité de faire la distinction entre cause et effet est une autre erreur classique de raisonnement qui entache les théories des odeurs. Bien trop souvent, quelqu'un trouve qu'une corrélation existe entre deux paramètres et présume qu'une relation causale s'impose sans se demander si cette corrélation ne concerne pas plutôt tout simplement deux effets en provenance d'une cause commune. Le fait de supposer que la corrélation qu'on observe entre les spectres infrarouges d'une série de substances odoriférantes et les odeurs qu'elles dégagent démontre que l'odeur a pour cause ces vibrations particulières est un exemple de telles idées fausses. En réalité, les odeurs ainsi que les spectres infrarouges sont tous deux les effets d'une cause commune, en l'occurrence la structure moléculaire.

C Sell, *Chemistry in Britain*, March, **1997**

Ce passage a trait à une erreur classique de raisonnement et en donne un exemple. Lequel, parmi les textes suivants, représente le mieux

a) *l'exemple de l'erreur de raisonnement ?*

b) *une théorie au sujet des odeurs qui évite l'erreur de logique dont il est question dans le passage précédent ?*

A. Seules les molécules volatiles sont odoriférantes. Les molécules odoriférantes donnent lieu à des spectres infrarouges caractéristiques. Dès lors, l'absorption d'un rayonnement infrarouge est une mesure de la volatilité.

B. L'odeur est reconnue parce que les molécules se lient à des récepteurs spécifiques. Les molécules dont la structure est similaire se lient aux mêmes récepteurs et présentent de ce fait une odeur comparable. En outre, les molécules dont la structure est similaire donnent lieu à des spectres infrarouges très ressemblants. Ceci explique pourquoi il existe une corrélation entre les spectres infrarouges et les odeurs.

C. Les composés qui présentent une odeur comparable donnent lieu à des bandes d'absorption similaires dans leurs spectres infrarouges. L'absorption dans l'infrarouge est due à des vibrations au sein des molécules. De ce fait, l'odeur est la conséquence des vibrations moléculaires.

D. Les molécules volatiles ne sont pas toutes odoriférantes. Une corrélation existe entre les spectres infrarouges d'un ensemble de substances odorantes et leurs odeurs. Dès lors, les molécules volatiles qui ne présentent pas d'odeur n'absorbent pas dans l'infrarouge.

13 L'acide ascorbique (vitamine C) est un antioxydant puissant et, contrairement à un bon nombre d'autres antioxydants, cette substance est même capable de réduire l'oxygène moléculaire. On l'emploie couramment comme antioxydant dans l'industrie alimentaire et brassicole. Certains brasseurs ajoutent effectivement de l'acide ascorbique à raison de 30-50 mg l^{-1} à la bière en vue de diminuer la quantité d'oxygène résiduel après conditionnement. On pense qu'ainsi l'apparition d'un goût éventé à la bière est retardé. La sensibilité de l'acide ascorbique vis-à-vis de l'oxygène rend, par ailleurs, très difficile l'analyse de la forme réduite et, tout particulièrement, si l'échantillon doit être soumis à un procédé d'extraction, car ainsi l'oxydation est permise.

Une électrode en carbone vitreux et fonctionnant à des potentiels faibles est tout à fait capable d'oxyder sans difficulté l'acide ascorbique, ce qui permet donc de disposer d'un système de détection assez sensible. La facilité d'oxydation de l'acide ascorbique signifie que d'autres substances susceptibles d'interférer mais dont les potentiels d'oxydation sont supérieurs ne seront pas détectées, de sorte que la sélectivité est élevée. S'il est bien vrai que le dosage de l'acide ascorbique par la technique HPLC (chromatographie liquide à haute pression, dite aussi à haute performance) avec détection électrochimique est actuellement bien au point, il est signalé dans la littérature que de nombreuses méthodes présentent le défaut, soit de manquer de reproductibilité, soit de perdre leur sensibilité à cause de l'encrassement de l'électrode par certaines substances contenues dans l'échantillon. Ceci a obligé les chimistes à intercaler des étalons entre les échantillons, ce qui, outre le fait d'être délicat à exécuter, diminue considérablement le nombre des échantillons qui peuvent être analysés dans un laps de temps donné.

D Madigan, I McMurrough & M R Smyth, *Analytical Comms.*, **1996**, *33*, 9

Ce passage provient de l'introduction d'un article qui décrit un nouveau procédé permettant de doser l'acide ascorbique présent dans de la bière.

a) *Laquelle, parmi les phrases suivantes, reflète le mieux le message que les auteurs de cet extrait tentent de faire passer ?*

A. L'acide ascorbique améliore les possibilités de conservation de la bière mais, étant un additif chimique, son usage devrait être déconseillé.

B. Il est réellement impératif de mettre au point une nouvelle méthode qui permette de doser la teneur de l'acide ascorbique qui est présent dans la bière.

C. Les électrodes en carbone vitreux sont capables d'oxyder aisément l'acide ascorbique, de sorte que l'analyse électrochimique de cette substance est à la fois sensible et sélective.

D. Il est courant de faire appel à la technique HPLC pour détecter la présence d'acide ascorbique.

E. Analyser l'acide ascorbique par la technique HPLC prend pas mal de temps du fait qu'il faut intercaler entre les échantillons des étalons de référence.

b) *Expliquer en termes simples, compréhensibles par un buveur de bière moyen, pourquoi l'acide ascorbique est utile dans l'industrie brassicole et pourquoi il est si difficile à analyser.*

14 Ces dernières années, beaucoup d'intérêt a été suscité par la teneur en métaux transitionnels d'échantillons biologiques, comme par exemple dans le sérum sanguin. Un bon nombre de dosages ont été exécutés, par exemple en vue de déterminer la teneur en chrome dans le sérum, et les résultats ont été surprenants. D'un chercheur à l'autre, chacun analysant des lots d'échantillons en provenance de sujets sains, les concentrations en chrome variaient de moins de 1 jusqu'à près de 200 ng ml^{-1} ! En général, les résultats les plus faibles correspondaient aux mesures les plus récentes et on a fini par constater que les valeurs les plus anciennes, les plus élevées, étaient en tout cas en partie dues à une contamination des échantillons par du chrome en provenance des seringues en Inox, des bouchons des flacons de prélèvement etc. Le dosage de traces de chrome, par exemple par spectroscopie d'absorption atomique, est en principe relativement simple, et il est incontestable que chaque chercheur a dû obtenir des résultats tout à fait valables du point de vue de leur précision, mais dans un certain nombre de cas, les importantes erreurs systématiques introduites par la contamination ont été complètement ignorées. Des erreurs systématiques de ce genre, dues à la méthodologie, sont extrêmement courantes. En guise d'exemples bien connus, on citera le cas du lavage insuffisant d'un précipité en analyse gravimétrique ou l'erreur sur le virage d'un indicateur lors des titrages.

J C Miller & J N Miller, *Statistics for Analytical Chemistry*, (2nd edition), Ellis Horwood, **1988**

Choisir, parmi les phrases suivantes, laquelle :

a) *représente le mieux ce que cet extrait décrit.*

b) *représente le mieux ce que ce passage illustre.*

A. Le chrome, lorsqu'il est présent à l'état de traces, est difficile à doser de manière reproductible par spectroscopie d'absorption atomique.

B. Les métaux de transition qui sont présents dans des échantillons biologiques peuvent donner de faux résultats en spectroscopie d'absorption atomique.

C. Lorsqu'on cherche à doser des traces, la contamination par l'appareillage peut causer de sérieux problèmes.

D. Les dosages de chrome dépendent fortement des erreurs dues au relargage d'ions en provenance de l'appareillage.

E. Il faut se méfier des erreurs systématiques.

15 Le passage ci-dessous est une brève description du mécanisme par lequel une fermeture de cycle se réalise lors de la réaction de Pictet-Spengler. Les nombres en exposant représentent des références à d'autres articles publiés qui corroborent les faits énoncés.

Il existe deux manières principales de réaliser la fermeture du cycle, impliquant soit l'attaque directe du noyau indolique en position 2 (voie a), soit l'attaque en position 3, suivie d'un réarrangement (voie b).[2] Des expériences réalisées sur des molécules apparentées semblent indiquer que la voie b transite probablement par un intermédiaire de type spiroindolénine (4).[3,4] Quoi qu'il en soit, il est bien connu que l'attaque électrophile de l'indole en position 2 est toujours en compétition (dans le cas des systèmes acycliques) avec l'attaque en position 3.[5] Il a aussi été établi que certaines caractéristiques stéréochimiques propres à la réaction de Pictet-Spengler sont compatibles avec n'importe lequel des deux mécanismes.[6] En outre, l'attaque de l'indole en position 3 fait intervenir une fermeture défavorisée par un cycle à 5 pièces (*5-endo-trig*), tandis que l'attaque directe en position 2 aboutit à un cycle à 6 pièces (*6-endo-trig*), ce qui est plus favorable.[7] (N. d. tr. : cf. la règle de Baldwin.)

P Bailey, *J. Chem. Research*, **1987**, 202

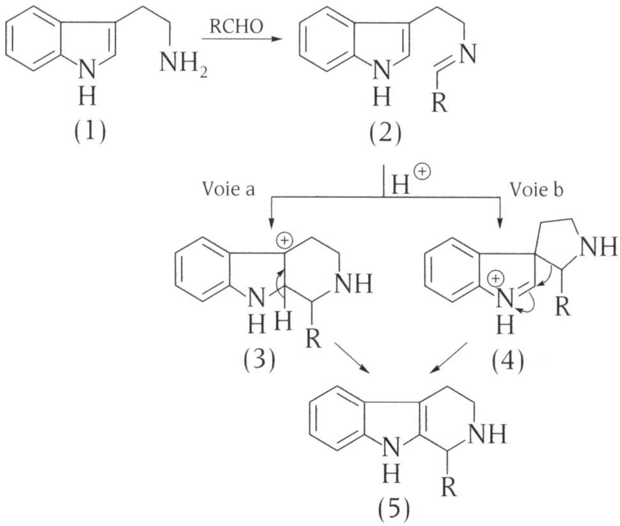

Laquelle, parmi les phrases suivantes, représente le mieux le point de vue de l'auteur quant au mécanisme le plus probable ?

A. La voie a correspond au mécanisme réactionnel le plus plausible.

B. La voie b correspond au mécanisme réactionnel le plus plausible.

C. Chacune des deux voies est tout aussi plausible.

D. Les deux voies réactionnelles sont suivies en même temps.

E. Aucune des deux voies ne semble être correcte.

16 L'incorporation de dioxyde de soufre lors de la préparation des vins rouges n'est pas si efficace. L'extraction des anthocyanines implique un contact entre le moût et l'enveloppe des grains et ceci revient à laisser ce jus en présence de la population très diversifiée de micro-organismes présents sur le raisin. Même s'il y a eu ajout de dioxyde de soufre, il est difficile d'éviter une prolifération rapide de ces micro-organismes. Vu leur nombre et le fait qu'ils appartiennent à un large spectre, certains, parmi ces micro-organismes, seront forcément relativement résistants vis-à-vis du dioxyde de soufre. Ces micro-organismes plus tolérants produisent de l'acétaldéhyde (qui est un précurseur de l'éthanol), lequel se lie au dioxyde de soufre pour donner un composé d'addition bisulfitique. Il en résulte que la concentration en dioxyde de soufre diminue inexorablement jusqu'à ce qu'elle soit suffisamment basse pour permettre à une grande diversité de micro-organismes de se développer. Les tentatives visant à juguler cette prolifération se sont avérées vaines, de sorte qu'on n'emploie plus le dioxyde de soufre. Au lieu de cela, on ajoute au raisin, immédiatement après qu'il a été foulé, une grande quantité de levures appartenant à une souche bien déterminée et dont la prolifération est rapide, ce qui déclenche immédiatement la fermentation alcoolique avec les micro-organismes voulus.

M Allen, *Chemistry in Britain*, May, **1996**

a) *Laquelle, parmi les déclarations suivantes, décrit le mieux pourquoi on n'ajoute pas de dioxyde de soufre au cours de la fabrication du vin rouge ?*

A. L'acétaldéhyde qui apparaît au cours de la fermentation du vin rouge détruit le dioxyde de soufre.

B. Dans du vin rouge, le dioxyde de soufre n'est pas aussi efficace pour détruire les micro-organismes que dans du vin blanc.

C. Le moût, à partir duquel le vin rouge est obtenu, contient des micro-organismes qui résistent au SO_2.

D. Dans le moût issu de raisins noirs, un grand nombre de micro-organismes très diversifiés présents sur les grains écrasés rendent le SO_2 moins efficace au cours de la fermentation. Dans le cas du vin blanc, seul le moût, c'est-à-dire le jus séparé des grains éclatés, est soumis à la fermentation.

E. Dans le vin rouge, le dioxyde de soufre est incapable d'empêcher la prolifération des micro-organismes indésirables à cause de la dose massive de levures qui ont été ajoutées pour amorcer une fermentation rapide.

b) *Expliquer, en termes compréhensibles par le grand public, pourquoi le dioxyde de soufre n'est pas employé lors de la fabrication du vin rouge.*

17 Le Calicivirus apparut dans les années 1980 en Europe. Il s'attaque aux lapins et tue plus de 90 % des animaux dès les premiers stades de l'infection. Étant donné que la prolifération excessive des lapins représente une véritable plaie en Australie, un programme de recherche a été lancé, visant à évaluer l'efficacité de ce virus dans l'enrayement de leur reproduction. Les chercheurs s'étaient installés sur une île, mais le virus s'en échappa en octobre 1995 et infecta tout le continent australien.

Smith, Matson, Cubitt et d'autres chercheurs encore prétendent que pour justifier la dispersion du virus sur l'île, le gouvernement australien avait au préalable obtenu la garantie formelle que ledit virus n'infecte qu'une seule espèce, en l'occurrence le lapin. Les chercheurs de l'AAHL (N. d. tr. : acronyme de *A*ustralian *A*nimal *H*ealth *L*aboratory) prétendent que c'est bien cela qu'ils ont pu établir. Entre 1991 et 1996, ils ont mis le virus en présence de 31 espèces d'animaux tant sauvages que domestiques. Des échantillons de deux espèces de Nouvelle-Zélande, qui avaient été en contact avec le virus, furent envoyés au AAHL pour y être analysés. La quantité d'anticorps et de virus fut mesurée, tant dans le sang que dans les divers organes de ces animaux. Les chercheurs vérifièrent aussi si les animaux ne présentaient aucun signe de maladie. D'après le porte-parole du CSIRO (N. d. tr. : acronyme de *C*ommonwealth *S*cientific and *I*ndustrial *R*esearch Organisation), tous ces tests indiquaient que le virus était incapable de se répliquer dans les animaux infectés et qu'il n'y occasionnait aucune maladie. Murray en a ansi conclu que « les tests réalisés avec le Calicivirus du lapin constituent l'étude la plus étendue qui ait été réalisée pour comprendre les interactions entre un virus et un hôte animal appartenant aux espèces les plus variées ».

A Anderson & R Nowak, *New Scientist,* 22 February, **1997**

a) *Smith, Matson et Cubitt prétendent avoir cernés tous les critères qui devaient être remplis avant d'envisager de libérer le virus. Ces critères sont-ils raisonnables ?*

b) *Les tests décrits ici apportent-ils la preuve irréfutable que le virus du lapin ne présente aucun danger pour les espèces soumises aux essais ?*

c) *Comparer la conclusion proclamée par Murray avec les affirmations des chercheurs de l'AAHL. Sont-elles compatibles ?*

d) *En se basant sur le passage précédent, écrire un bref article (comprenant 1 ou 2 paragraphes) comme s'il devait paraître dans un journal quotidien, en tenant compte des réponses données aux questions (a), (b) et (c).*

18 Le passage suivant traite de certains problèmes liés au choix d'un gaz vecteur intervenant dans une application particulière de la spectrométrie de masse. L'application en question s'appelle « source de plasma couplée inductivement à un spectromètre de masse », l'acronyme anglais étant ICP-MS, pour *I*nductively *C*oupled *P*lasma *M*ass *S*pectrometry. Cette technique est notamment très utile lorsqu'on désire doser simultanément des éléments présents à l'état de traces dans un échantillon.

S'il est bien vrai qu'un appareil ICP fonctionnant avec de l'argon donne lieu à un pourcentage élevé d'ionisation pour la plupart des éléments, quelques éléments subsistent qui ne subissent aucune modification. Leurs énergies d'ionisation dépassent le plus souvent 10 eV, dans une zone où la réponse est suffisamment faible pour être très susceptible de donner lieu à des interférences, ou, dans de rares cas, à pouvoir être négligée. De surcroît, des pics massifs dus au plasma et aux solvants gazeux masquent complètement les isotopes majoritaires de certains éléments tels que $^{40}Ca^+$ qui coïncide avec $^{40}Ar^+$, $^{39}K^+$, lesquels peuvent à leur tour être masqués par $^{38}Ar^1H^+$ et $^{80}Se^+$, en coïncidence avec le pic dimère de l'argon. Bien que l'on puisse tenter d'analyser certains parmi ces éléments par le biais de leurs isotopes minoritaires, les seuils de dosage de ceux-ci sont tels que les résultats s'avèrent peu performants. Le choix d'autres gaz pouvant servir de plasma est très limité et c'est surtout l'hélium qui a fait l'objet de l'attention des spécialistes. Ce gaz présente une énergie d'ionisation de loin supérieure à celle de l'argon (24,59 contre 15,76 eV), de sorte qu'un plasma d'hélium est capable d'ioniser tout aussi bien la totalité des autres éléments. Malheureusement, l'argon est l'un de ceux-ci et est présent en tant qu'impureté dans la plupart des bonbonnes d'hélium, de même que, bien entendu, dans l'air qui a été injecté avec l'échantillon. C'est pourquoi, des interférences dues à l'argon sont habituellement présentes dans un tel plasma.

A Gray, *Analytical Comms.,* **1994**, *31*, 371

Laquelle, parmi les assertions ci-dessous, résume le mieux le passage ?

A. Pour plusieurs éléments, les limites de dosage avec un appareil ICP fonctionnant avec de l'argon ne sont pas satisfaisantes.

B. S'il est bien vrai que l'emploi d'hélium à la place de l'argon devrait, en principe, permettre de doser tous les éléments qui, autrement, seraient inaccessibles, on se heurte, en pratique, à des difficultés techniques.

C. Lors des analyses avec un appareil ICP, il est important d'éviter d'avoir de l'air dans l'échantillon parce que l'argon qui est présent dans l'air donnera lieu à des interférences.

D. Les ions des isotopes majoritaires d'un bon nombre d'éléments, comme par exemple $^{39}K^+$, $^{40}Ca^+$ et $^{80}Se^+$, sont masqués lors des dosages avec un appareil ICP fonctionnant à l'argon.

19 En solution aqueuse, les molécules de protéines se replient en une structure globuleuse compacte dans laquelle la plupart des chaînes latérales non polaires des acides aminés se regroupent vers le centre où elles sont mises à l'abri de tout contact avec l'eau. Dans le passage ci-dessous, Stryer explique pourquoi il est énergétiquement défavorable pour une molécule non polaire d'être entourée par de l'eau et, dès lors, pourquoi il est énergétiquement favorable de voir ces chaînes latérales non polaires se replier sur elles-mêmes.

Supposons que l'on introduise une seule molécule non polaire telle que l'hexane dans un peu d'eau. Une cavité au sein de l'eau se crée, laquelle deconnecte temporairement certaines liaisons hydrogène existant entre les molécules d'eau. Les molécules d'eau qui ont ainsi été déplacées se réorientent alors d'elles-mêmes de façon à reformer un maximum de nouvelles liaisons hydrogène. Mais ceci se fait à un certain prix : le nombre de manières de former des liaisons hydrogène dans la « cage » d'eau entourant la molécule d'hexane est bien plus réduit par rapport à ce qui se passe dans l'eau pure. Les molécules d'eau qui entourent la molécule d'hexane sont beaucoup plus ordonnées que partout ailleurs dans la solution.

L Stryer, *Biochemistry*, (3rd edition), W H Freeman & Co, **1988**

Stryer ne fournit aucune preuve pour corroborer ce modèle. Envisageons l'alternative suivante :

La molécule non polaire est incapable de former des liaisons hydrogène avec les molécules d'eau. De ce fait, des liaisons hydrogène entre des molécules d'eau sont rompues, ce qui induit une situation défavorable du point de vue enthalpique. L'enthalpie défavorable liée à la dissolution des molécules non polaires a pour corollaire que la formation par celles-ci d'agrégats est un phénomène favorisé.

Quelle expérience réaliseriez-vous pour déterminer lequel de ces deux modèles est le meilleur ?

20 L'hydrazine est surtout employée comme combustible pour fusées. Cette substance vient directement se classer en deuxième position, juste derrière l'hydrogène liquide, en terme du nombre de kilogrammes de poussée produits par kilogramme de combustible brûlé. Par ailleurs, l'hydrazine présente plusieurs avantages par rapport à l'hydrogène liquide. Elle peut être stockée à la température ordinaire, tandis que l'hydrogène liquide doit être stocké à des températures se situant en dessous de –253 °C. En outre, l'hydrazine est plus dense que l'hydrogène liquide et, dès lors, requiert moins d'espace pour son stockage.

Quoi qu'il en soit, l'hydrazine pure est rarement employée comme combustible pour fusées, parce qu'elle gèle aux températures rencontrées dans la haute atmosphère. En fait, l'hydrazine est mélangée à de la *N,N*-diméthylhydrazine, $(CH_3)_2NNH_2$, de manière à obtenir une solution qui reste liquide aux basses températures. De tels mélanges d'hydrazine et de *N,N*-diméthylhydrazine ont servi à propulser les fusées Titan II qui véhiculèrent la capsule spatiale du projet Gemini. C'est aussi la réaction de combustion entre les dérivés de l'hydrazine et N_2O_4 qui est mise à profit pour faire fonctionner les petits moteurs des fusées permettant aux navettes spatiales de manœuvrer dans l'espace.

D D Ebbing, *General Chemistry,* (5th edition),
Houghton Mifflin, **1996**

a) *Quels avantages de l'hydrazine comme combustible dans les propulseurs de fusée ont été mis en exergue ?*

b) *Quels en sont les désavantages ?*

c) *Pourquoi est-il précisé que l'oxydant est N_2O_4 et non O_2 ?*

21 Les deux passages suivants sont repris de divers paragraphes d'un chapitre intitulé *Combustibles.*

Une autre manière de se débarrasser des déchets ménagers contenant des polymères consiste à les brûler. Dans des usines spécialisées, les déchets ménagers sont convertis en boulettes qui peuvent servir de combustible solide pour certaines chaudières.

Lorsqu'on chauffe des polymères d'addition, ceux-ci fondent très facilement. On parle de polymères thermoplastiques. Mais lorsqu'ils commencent à brûler, ils donnent souvent lieu à la libération de gaz très toxiques, en même temps que le dioxyde de carbone et la vapeur d'eau qui sont produits en grandes quantités. Ainsi, par exemple, lorsque du poly(acrylonitrile) est brûlé, un gaz extrêmement toxique peut se dégager, en l'occurrence du cyanure d'hydrogène.

R McDuell, *Revise Chemistry,* Letts, **1989**

a) *Pourquoi la combustion du poly(acrylonitrile) produit-elle du cyanure d'hydrogène alors que l'oxydation totale devrait aboutir à H_2O, CO_2 et NO_2 ?*

b) *Pensez-vous qu'il serait prudent de brûler du poly(acrylonitrile)*

1. *dans un feu ouvert, chez vous, dans le living ?*

2. *dans un poêle à combustible solide, chez vous, dans votre bureau ?*

3. *dans une chaudière, comme on en trouve dans les centrales thermiques ?*

c) *S'inspirer de ces passages pour écrire un texte qui expliquerait à un ami, de formation non scientifique, les avantages mais aussi les invonvénients d'employer les polymères en provenance des déchets en tant que combustibles, en tenant compte* *des réponses données en (a) et (b). Expliquer pourquoi des gaz toxiques peuvent apparaître et proposer des techniques qui pourraient minimiser ce danger.*

22 Les molécules d'eau présentent une grande affinité l'une pour l'autre. Une région positivement chargée dans une molécule d'eau a tendance à s'orienter d'elle-même vers une région négativement chargée d'une autre molécule parmi ses voisines. La glace présente une structure cristalline extrêmement régulière dans laquelle le maximum possible de liaisons hydrogène se trouve réalisé. L'eau à l'état liquide laisse entrevoir une structure partiellement ordonnée, caractérisée par des agrégats de molécules retenues par des liaisons hydrogène qui se font et se défont sans cesse. Dans l'eau liquide, chaque molécule est, en moyenne, attachée par liaisons hydrogène à 3,4 voisines, à comparer avec 4 dans le cas de la glace. L'eau est caractérisée par l'existence d'importantes forces cohésives.

L Stryer, *Biochemistry* (3rd edition),
W H Freeman & Co, **1988**

Laquelle, parmi les assertions suivantes, peut-on considérer comme étant la meilleure interprétation de la phrase « chaque molécule est, en moyenne, attachée par liaisons hydrogène à 3,4 voisines » ?

A. Certaines molécules sont attachées par liaisons hydrogène à 3 autres et certaines le sont à 4 autres ; ce nombre vaut, en moyenne, 3,4.

B. Chaque molécule peut être attachée par liaisons hydrogène à n'importe quel nombre (variant de 0 à 4) d'autres molécules ; ce nombre vaut, en moyenne, 3,4.

C. Chaque molécule est attachée par liaisons hydrogène à 4 autres molécules, mais ces liaisons n'ont pas toutes la longueur idéale ou l'angulation la plus adéquate ; l'énergie de liaison moyenne des 4 liaisons hydrogène est égale à celle de 3,4 liaisons hydrogènes idéales.

D. Le nombre de liaisons hydrogène (qui peuvent ne pas être idéales) que peut former n'importe quelle molécule individuelle d'eau peut être supérieur à 4 ; mais la somme des énergies de liaisons de toutes les liaisons hydrogène formées par chacune des molécules d'eau est égale à l'énergie de 3,4 liaisons hydrogène idéales.

23 Le formaldéhyde a été décrit comme étant « un polluant atmosphérique ubiquiste dont il faut fortement s'inquiéter en raison de ses effets néfastes sur la santé ». La concentration de cette substance dans l'atmosphère peut atteindre des niveaux de l'ordre de 50 ppb.

Le passage ci-dessous est le sommaire d'un article dans lequel les auteurs suggèrent qu'en plantant des arbres on pourrait efficacement réduire cette pollution, étant donné que les arbres absorbent les vapeurs de formaldéhyde de l'atmosphère.

En vue d'estimer l'effet que pourrait avoir la plantation d'arbres sur le formaldéhyde atmosphérique, les auteurs ont analysé l'absorption du formaldéhyde par diverses espèces d'arbres. Il appert que les vitesses d'absorption varient de 8,6 (pin noir du Japon) à 137 ng dm^{-2} h^{-1} ppb^{-1} (peuplier de Lombardie) sous l'impact de 1000 μmol de photons m^{-2} s^{-1} et que ces vitesses diminuent selon la séquence : espèces d'arbres à feuilles larges et décidues > espèces d'arbres à feuilles larges, vertes et persistantes > espèces d'arbres appartenant à l'ordre des conifères. Au cours d'expériences où l'intensité lumineuse était modifiée, trois espèces d'arbres donnaient lieu à une relation linéaire entre la vitesse d'absoption du formaldéhyde et le taux de transpiration. Les résultats obtenus à partir d'un modèle simplifié de résistance à la diffusion des gaz permettent de conclure que le formaldéhyde est absorbé via les stomates et que dans ces trois espèces d'arbres il est rapidement métabolisé. Même à des concentrations élevées, à savoir environ 2000 ppb, les arbres sont capables d'absorber le formaldéhyde de l'atmosphère et ce, pendant au moins 8 heures, sans qu'aucune altération ne soit visible sur les feuilles. Les auteurs en concluent que d'une manière générale les arbres peuvent jouer le rôle important d'évacuateurs vis-à-vis du formaldéhyde atmosphérique.

T Kondo, K Hasegawa, R Velida, M Ouishi, A Mizakami & K Omasa,
Bull. Chem. Soc. Japan, **1996**, *69*, 3673

a) *L'information contenue dans ce sommaire vous a-t-elle convaincu de ce que*

1. *les arbres peuvent éliminer à une vitesse efficace le formaldéhyde de l'atmosphère ?*
2. *l'exposition des arbres au formaldéhyde durant des périodes prolongées ne leur occasionne aucun préjudice ?*

b) *Identifiez chacun des termes biologiques qui ne vous sont pas familiers et estimez si ce manque de connaissance vous empêche de tirer les conclusions qui s'imposent.*

24 Dans le cadre de l'étude des propriétés des solvants mixtes, Meade et al. ont examiné l'interaction entre le diméthylsulfoxyde (DMSO) et divers mélanges d'acétonitrile et de méthanol. Parmi les techniques mises en œuvre, figure la spectroscopie infrarouge (IR). Le passage suivant est extrait de la partie expérimentale de leur article, où on peut lire des commentaires relatifs à un problème rencontré lors des mesures.

La vibration d'élongation de la fonction S=O du DMSO se situait dans la fourchette 1000-1100 cm^{-1}, mais était partiellement masquée par une bande d'absorption du méthanol. C'est pourquoi les mesures en IR relatives au DMSO furent ensuite exécutées en présence cette fois de perdeutériométhanol. Bien que cet artifice permettait de réduire suffisamment l'absorbance due au méthanol pour permettre d'observer la bande du DMSO, il n'était foutefois pas possible de mesurer quantitativement cette absorbance avec une précision acceptable dans le cas des solutions riches en méthanol.

M Meade, K Hickey, Y McCarthy, W E Waghorne, M R Symons & P P Rastogi, *J. Chem. Soc., Faraday Trans.*, **1997**, *93*, 563

a) *Qu'est-ce qui rend difficile la mesure du spectre infrarouge du DMSO ?*

b) *Qu'est-ce que le perdeutériométhanol ?*

c) *Pourquoi peut-on s'attendre à ce que le problème soit ainsi résolu ?*

d) *Pourquoi peut-on supposer que les interactions dans le mélange perdeutériométhanol-acétonitrile soient les mêmes que dans le mélange méthanol-acétonitrile ?*

e) *Les auteurs affirment que le problème n'est que partiellement résolu en employant du perdeutériométhanol. Dans quels cas les mesures seront-elles moins satisfaisantes ? Proposer une raison à cela.*

25 Le glucosinolate est un constituant indésirable des graines de colza. Les cultivateurs sont dès lors à la recherche de variétés contenant des concentrations faibles de ce composé. La fluorescence à rayons X (XRF, pour *X-R*ay *F*luorescence)) représente la méthode classique d'évaluation de la teneur en glucosinolate. Mais la mesure de l'absorbance dans l'infrarouge proche (NIR, pour *N*ear *I*nfra*r*ed) pourrait fournir une alternative moins onéreuse et plus simple.

En vue de tester cette suggestion, le contenu en glucosinolate d'une série d'échantillons servant d'étalons a été déterminé selon la méthode reconnue, à savoir par XRF. Parallèlement, les spectres NIR de ces mêmes échantillons ont été enregistrés, puis l'absorbance d'un pic approprié a été mesurée. En divisant pour un même échantillon la valeur de la XRF par l'absorbance en NIR, on obtient un facteur de conversion grâce auquel n'importe quelle valeur d'absorbance en NIR peut être multipliée pour trouver le contenu en glucosinolate. Le facteur de conversion moyen issu des deux modes de mesure sur l'ensemble des échantillons d'étalonnage devrait fournir une valeur fiable pour le contenu en glucosinolate de tout échantillon nouveau sur lequel seule une mesure en NIR a été réalisée.

Le graphique ci-après montre comment la validité de ce facteur de conversion a été testée. Les contenus en glucosinolate, tels qu'il ont été déterminés par la méthode XRF, ont été mis en graphique en fonction des valeurs calculées à partir des absorbances en NIR.

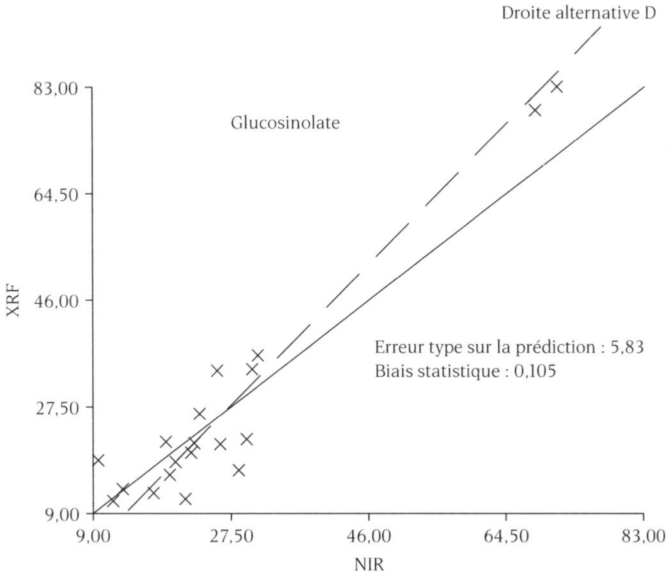

Mise en graphique des contenus en glucosinolate de divers échantillons de graines de colza, tels qu'ils ont été déterminés par fluorescence à rayons X (XRF) et par spectroscopie dans l'infrarouge proche (NIR). (Repris, avec permission, de A Salgó, Z Weinbrenner-Varga, Z Fábián & E Ungár, *Making Light Work,* **1992**, I. M. Publications).

a) *Comment supposez-vous que les auteurs justifient la ligne continue qui apparaît en diagonale sous forme de bissectrice ?*

b) *Laquelle, parmi les conclusions suivantes, peut être, d'après vous, la plus raisonnablement tirée de ce graphique ?*

A. Les résultats sont tellement dispersés qu'aucune des deux méthodes n'est utile.

B. Le graphique prouve que le facteur de conversion calculé est valable pour tous les échantillons.

C. Les données ne sont pas suffisamment bien distribuées tout au long de l'échelle pour pouvoir confirmer la validité du facteur de conversion.

D. Les données s'ajusteraient mieux selon la droite D, de pente plus raide (voir le graphique ci-dessus).

26 On pense que comme les molécules aromatiques substituées en *para* sont plus symétriques que celles substituées en *méta,* elles s'empileront mieux dans leur réseau cristallin de sorte que leurs points de fusion seront supérieurs. Ce vieux concept a été revisité en comparant les points de fusion de benzènes disubstitués en *para* et en *méta*. Les résultats sont répertoriés dans le graphique suivant.

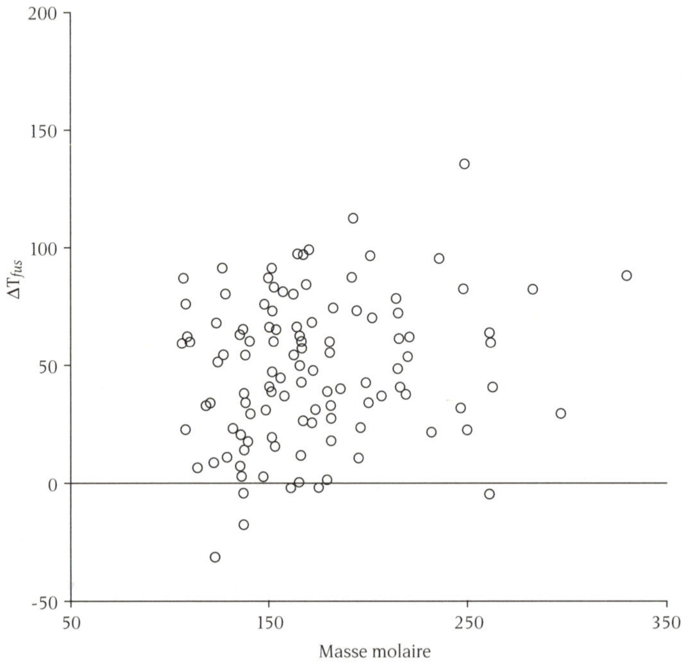

Différences entre les températures de fusion de benzènes disubstitués en *para* et en *méta* (axe des *y*). L'axe des *x* est la masse molaire. (Repris de A Gavezzotti, *J. Chem. Soc., Perkin Trans. 2*, **1995**, 1399 ; reproduit avec la permission de la *Royal Society of Chemistry*)

Laquelle, parmi les interprétations suivantes du graphique, est la plus raisonnable ?

A. Les données sont tellement dispersées qu'aucune conclusion fiable ne peut en être tirée.

B. Il n'existe aucune corrélation entre la différence de points de fusion et la masse molaire.

C. Les aromatiques substitués en *méta* fondent en général à des températures plus basses que les aromatiques substitués en *para*.

D. La différence de points de fusion augmente avec la masse molaire.

27 Les ions zinc forment un complexe avec l'acide aminé qu'est la tyrosine et ce complexe est fluorescent. De cette observation a découlé la mise au point d'une méthode de dosage des ions zinc en solution. Les auteurs d'un article consacré à ce sujet déclarent que :

- L'intensité de la fluorescence atteint un maximum lorsque le rapport molaire de la tyrosine vis-à-vis des ions zinc vaut 3 ; des rapports plus élevés n'ont aucun effet sur la fluorescence.
- L'intensité de la fluorescence atteint un maximum après quelques secondes et demeure constante durant une heure.

Le graphique reproduit ci-dessous décrit les résultats de leur étude de l'effet d'un ajout d'hydroxyde de sodium au système. L'expérience a été réalisée en ajoutant différents volumes d'une solution de NaOH ($1{,}5 \times 10^{-2}$ mol l^{-1}) à un mélange de Zn^{2+} et de tyrosine, puis en portant chaque fois le volume de la solution à une valeur bien définie. Les concentrations finales de Zn^{2+} et de tyrosine se sont avérées valoir, respectivement, 4×10^{-4} mol l^{-1} et 0,06 mg ml^{-1}.

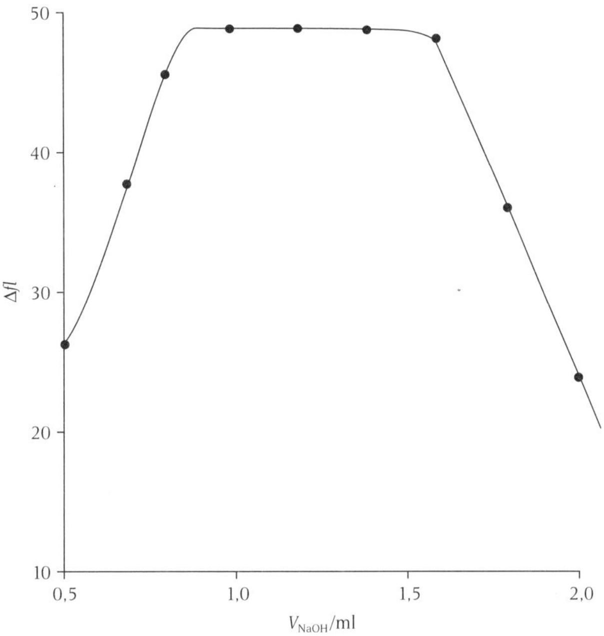

L'effet sur la fluorescence (Δ*fl*) de l'ajout de volumes croissants d'hydroxyde de sodium au mélange réactionnel. (Repris de N Jie, J Yang, X Huang & W Ma, *Anal. Proc.*, **1995**, *32*, 1399 ; reproduit avec la permission de la *Royal Society of Chemistry*)

Laquelle, parmi les interprétations suivantes du graphique, est la plus raisonnable ?

A. Le tracé est réellement parabolique, mais la ligne s'écrase tout en haut du graphique.

B. Le tracé est réellement parabolique, mais le détecteur a atteint sa saturation, de sorte qu'un Δ*fl* de 49 est la valeur la plus élevée qui puisse être enregistrée.

C. Le complexe zinc-tyrosine commence à se dissocier aux valeurs élevées et basses de pH.

D. La quantité de tyrosine par rapport au zinc est insuffisante pour produire la fluorescence maximale.

28 Les triglycérides sont des esters formés entre le glycérol (propane-1,2,3-triol) et des acides aliphatiques à longue chaîne (acides gras). Il existe des huiles qui sont composées d'acides gras d'une nature telle qu'elles ne conviennent pas dans certaines situations particulières. Il est, dès lors, fort utile de disposer d'une méthode d'analyse simple. La méthode classique est la chromatographie en phase gazeuse (GC, pour *G*as *C*hromatography). Comme alternative, il y a la spectroscopie dans l'infrarouge proche (NIRS, pour *N*ear-*I*nfra*r*ed *S*pectroscopy). Le graphique présenté ci-dessous provient d'un article dans lequel les deux méthodes ont été comparées. L'étude a nécessité une étape préalable d'étalonnage au cours de laquelle toute une série d'échantillons ont été analysés selon les deux méthodes, après quoi les résultats ont permis de calculer la droite la plus adaptée. Lors d'une deuxième étape visant à valider le procédé, les premières valeurs d'étalonnage ont été contrôlées par rapport à un nouvel ensemble d'échantillons. Les deux séries de données sont présentées dans le graphique annexé.

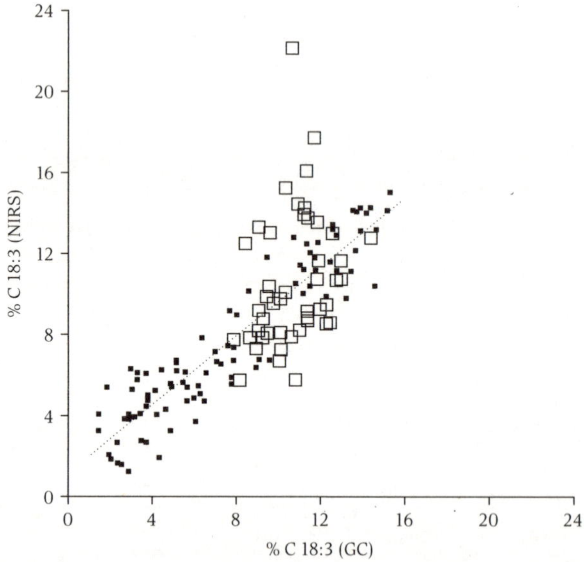

Pourcentages d'acide linolénique (C 18:3) dans divers échantillons de graines de colza. Les résultats en provenance de la chromatographie en phase gazeuse (GC) sont mis en graphique en fonction de ceux issus de la spectroscopie dans l'infrarouge proche (NIRS), tant pour les échantillons d'étalonnage (■) que pour les échantillons de validation (□). (Repris, avec permission, de T C Reinhardt, C Paul & G Röbbelen, *Making Light Work*, **1992**, I. M. publications)

Laquelle, parmi les assertions suivantes, semble-t-elle être la plus judicieuse concernant le graphique ?

A. Si on écartait les deux échantillons placés à environ 18 et 22 % d'après l'analyse dans l'infrarouge proche, en considérant qu'il s'agit d'artefacts, le graphique aurait déja un plus bel aspect.

B. Il est probable que la meilleure ligne passant par tous les points soit une courbe plutôt que la ligne droite qui a été tracée.

C. Les valeurs d'étalonnage établies pour l'acide linolénique ne résistent pas à la validation réalisée indépendamment.

D. Les résultats des échantillons d'étalonnage et de validation ne peuvent être rangés sur une même ligne droite.

E. La valeur positive de l'ordonnée à l'origine indique que les mesures dans l'infrarouge proche donnent des résultats faussement élevés.

29 Un dixième de la population de la planète se trouve confronté à la famine. Le nombre de personnes qui vivent aujourd'hui sur Terre dépasse la totalité des personnes qui y ont vécu jusqu'ici. Chaque heure qui passe, il faudrait disposer de plus de 500 hectares supplémentaires de terres cultivées pour subvenir aux besoins nutritionnels de la population qui augmente dans le monde.

De toute évidence, les problèmes liés à l'alimentation de tous les gens qui vivent de par le monde nous suivront pendant bien longtemps encore. Les scientifiques, et tout particulièrement les chimistes, ont contribué et contribuent toujours à tenter de trouver des solutions pertinentes à ces problèmes.

Résoudre de tels problèmes s'avère très compliqué. Il ne s'agit pas seulement de faire pousser davantage de nourriture. Parmi les moyens permettant d'améliorer la situation, on citera :

5. La préparation de nouvelles sortes d'aliments. Ainsi par exemple, on sait que les bestiaux doublent leur poids en 2 à 4 mois, tandis que cela ne nécessite que 1 à 2 semaines dans le cas des plantes. Les levures et les bactéries doublent leur poids en 20 minutes. Un lac peu profond ayant la superficie d'un comté tel que l'Essex pourrait fournir assez de protéines, sous forme de bactéries riches en protéines, pour couvrir les besoins en protéines du monde entier. S'il est bien vrai que nous pourrions ne pas aimer manger des bactéries riches en protéines, celles-ci pourraient être incorporées dans l'alimentation du bétail, afin de l'enrichir en protéines.

R McDuell, *Revise Chemistry*, Letts, **1989**

Le passage intégral comprend la description de neuf moyens possibles d'améliorer le problème alimentaire de la planète. Seul le cinquième est présenté ici.

a) *Supposons que vous déversiez dans l'étang peu profond de votre jardin une solution aqueuse contenant 1 μg d'une souche appropriée de bactérie.*

1. *Après combien de temps, au vu des duplications successives, la masse de bactéries aura-t-elle dépassé 100μg ?*

2. *En se servant du chiffre obtenu, calculez la valeur approximative de la masse de bactéries qui, selon vous, seront présentes après 24 heures.*

3. *Quels types de conditions seraient, d'après vous, nécessaires pour que les bactéries doublent leur poids en 20 minutes ?*

b) *De quelle information devez-vous disposer en vue de décider si « un lac peu profond ayant la superficie d'un comté tel que l'Essex » pourrait fournir assez de protéines, sous forme de bactéries riches en protéines, pour couvrir les besoins en protéines du monde entier ?*

1. *Il faut savoir si les bactéries sont directement conditionnées sous forme de nourriture à l'usage de l'homme.*

2. *Il faut savoir si les bactéries sont incorporées dans l'alimentation du bétail.*

Les données nécessaires sont fournies avec les commentaires, ce qui vous permettra de faire un calcul.

c) *Écrire un texte, destiné à un lecteur non spécialisé en sciences, qui explique le fondement de l'idée selon laquelle le problème alimentaire de la planète pourrait être en partie solutionné en cultivant des bactéries dans des lacs peu profonds. Indiquez-y aussi pourquoi cette idée ne semble pas pouvoir être sérieusement considérée comme une solution utile.*

30 Les données présentées dans le graphique ci-après ont été publiées dans un article traitant de l'activité catalytique d'une enzyme appelée chymotrypsine. Une réaction qui a été bien étudiée est la catalyse, par la chymotrypsine, de l'hydrolyse de l'ester éthylique de la *N*-acétyltyrosine (ATEE, pour *A*cetyl*t*yrosine *E*thyl *E*ster). La vitesse de l'hydrolyse est inhibée par la présence de l'ester éthylique de la 3-iodo-*N*-acétyltyrosine (MATEE, pour *M*onoiodo*a*cetyl*t*yrosine *E*thyl *E*ster) ou de la 3,5-diiodo-*N*-acétyltyrosine (DATEE, pour *D*iiodo*a*cetyl*t*yrosine *E*thyl *E*ster).

La vitesse (v) à laquelle la chymotrypsine hydrolyse l'ATEE est influencée par la concentration ([*S*]) de l'ATEE, en accord avec l'équation :

$$v = \frac{V_{\text{max}}[S]}{K_{\text{M}} + [S]}$$

où V_{max} et K_{M} sont des constantes.

La mise en graphique selon Lineweaver-Burk est obtenue à partir d'une forme linéarisée de cette équation :

$$\frac{1}{v} = \frac{1}{[S]} \cdot \frac{K_{\text{M}}}{V_{\text{max}}} + \frac{1}{V_{\text{max}}}$$

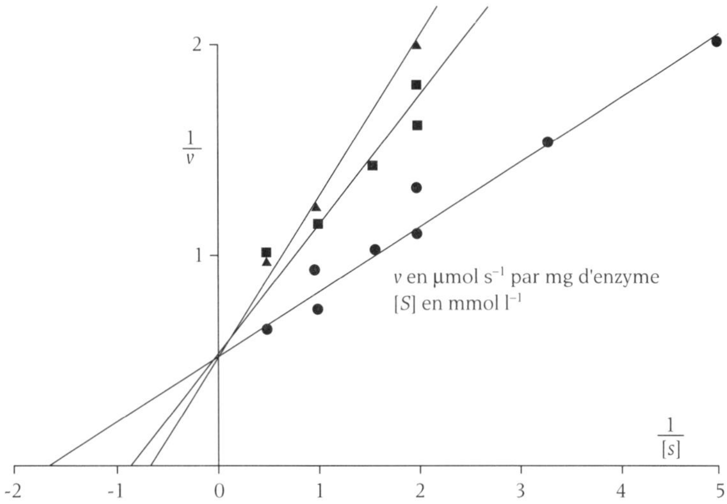

Mises en graphique selon Lineweaver-Burk relatives à l'hydrolyse de l'ATEE comme tel (■) et en présence de MATEE 1,70 mM (●) ou de DATEE 0,55 mM (▲). (Données issues d'un article déja publié par l'un de nous, C J Garratt & D M Harrison, *FEBS Letters*, **1970**, *11*, 17)

a) *Cette figure prouve-t-elle, selon vous, que la vitesse de l'hydrolyse de l'ATEE est réduite en présence, soit de MATEE, soit de DATEE ?*

b) *Sur quel(s) principe(s) pensez-vous que les auteurs se sont basés pour ajuster les lignes aux données ?*

c) *Pensez-vous vraiment que ces droites sont justifiées ?*

31 Le règne végétal représente un véritable laboratoire pour réaliser des essais de génie génétique. Une bonne partie des gens interrogés semble accepter que la création, de la sorte, de nouvelles espèces de plantes diffère peu, du point de vue éthique, des essais visant à développer un nouveau rhododendron par pollinisation croisée, ou même par irradiation, ce qui provoque des modifications génétiques aléatoires. En fait cependant, manipuler directement des gènes est un acte très différent parce que, dès l'instant où l'on connaît parfaitement le rôle de ces gènes et le type de protéines dont ils codent la construction, tout devient pratiquement possible, et ce, d'une manière contrôlée. On pourrait très bien ainsi produire du gazon constitué principalement de caoutchouc ou des arbres dont giclent des hydrocarbures comme s'il s'agissait d'un puits de pétrole.

R Porter, *New Scientist*, 20 November, **1986**

a) *Selon vous, quelle cadence journalière de production d'hydrocarbures un arbre devrait-il atteindre pour que ceux-ci puissent « gicler comme s'il s'agissait d'un puits de pétrole » ?*

b) *Identifier l'information dont vous auriez besoin en vue d'estimer le débit horaire maximum selon lequel, en moyenne, un arbre pourrait faire « gicler » du pétrole*

(avec une prévision étendue sur une année).
Dans les commentaires, figurent des informations qui vous permettront de contrôler si vous avez bien identifié ce que vous aviez besoin de connaître et d'estimer le débit horaire de giclement.

32 La pomme de terre constitue, sur notre planète, un aliment de choix qui est en outre génialement emballé. Elle est riche en minéraux, en vitamines, en calories et en protéines, tout en étant pratiquement exempte de matières grasses. De surcroît, les champs de pommes de terre fournissent plus de tonnes — et donc plus de calories — à l'hectare que n'importe quelle autre forme de culture. En moyenne, dans la totalité du monde, on obtient 13,5 tonnes par hectare, ce qui est quatre fois plus que pour le riz et cinq fois plus que pour le blé.

F Pearce, *New Scientist*, 26 April, **1997**

Les données suivantes relatives au contenu en énergie et en protéines de 100 g de pommes de terre, de farine de blé et de riz sont extraites du *Manual of Nutrition*, London, HMSO, **1977** :

	Énergie / kJ	Protéines / g
Pommes de terre	324	2,1
Farine de blé	1483	10,0
Riz	1531	6,2

a) *D'après les renseignements contenus dans le texte, quelle récolte fournira*

1. *le rendement le plus élevé en énergie par hectare ?*

2. *le rendement le plus élevé en protéines par hectare ?*

b) *Sur base des informations données ici, pensez-vous que ce passage donne un avis correct au sujet de la valeur nutritive des pommes de terre ?*

c) *En s'inspirant du passage ci-dessus et des données chiffrées fournies, rédiger un texte destiné au consommateur moyen, dans lequel la valeur nutritive de la pomme de terre est comparée à celle du blé et du riz et ce, tout en tenant compte de la superficie nécessaire pour les cultiver.*

33 Le graphique présenté ci-après est repris d'une thèse de doctorat en chimie. Il indique la vitesse d'échange du deutérium (en provenance de D_2O) à la place d'hydrogènes dans les 48 groupes amide que l'on retrouve dans une protéine appelée insuline. L'interprétation des données laisse entrevoir que les hydrogènes des fonctions amide peuvent être classés dans l'un des trois groupes suivants :

- 27 s'échangent tellement vite que lesdits échanges sont déja réalisés avant qu'aucune observation n'ait pu être réalisée.

- 12 s'échangent avec une véritable constante de vitesse d'ordre un valant environ 2,5 s^{-1}.
- 9 s'échangent avec une véritable constante de vitesse d'ordre un valant environ 0,5 s^{-1}.

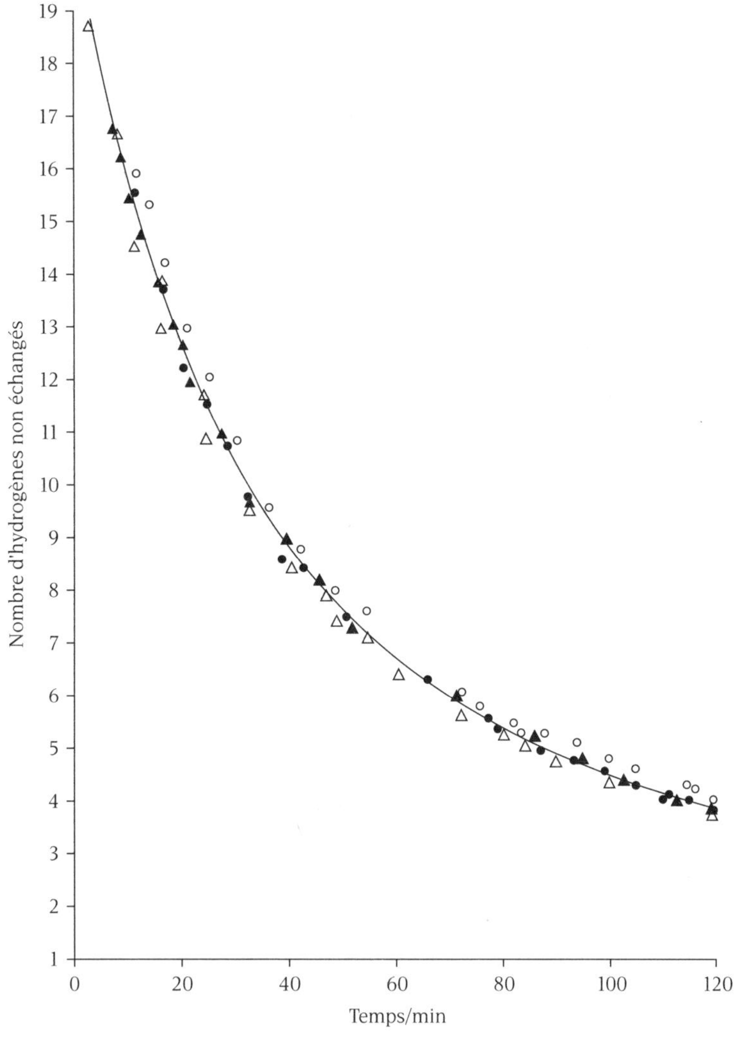

Évolution au cours du temps de l'échange entre le deutérium et l'hydrogène des groupes amide dans le cas de l'insuline du bœuf (les divers symboles représentent différents échantillons). (Données issues d'un article déja publié par l'un de nous, R A Capaldi & C J Garratt, *European Journal of Biochemistry*, **1971**, *23*, 551)

a) *Comment vous y prendriez-vous pour contrôler si les données s'ajustent à une mise en graphique d'ordre un ?*

b) *En supposant que le nombre d'hydrogènes non échangés dans les groupes amide (axe des y) a été déterminé correctement, comment vous serviriez-vous de la figure pour déterminer si les conclusions des auteurs sont raisonnables ?*

34 Les données statistiques, telles qu'elles sont publiées, fournissent rarement l'information voulue sous la forme que l'on souhaite exactement. C'est pourquoi, de telles données doivent souvent être réinterprétées, voire retraitées. Des données concernant le dioxyde de carbone de l'atmosphère sont présentées ci-après, lesquelles proviennent de deux articles différents. Le passage repris, de même que le schéma, ont trait au risque de voir émerger d'importantes modifications climatiques à la suite de la continuation d'activités terrestres qui polluent l'atmosphère en dioxyde de carbone.

Il est certain que les activités réalisées par l'homme aboutissent à une augmentation progressive de la teneur atmosphérique en dioxyde de carbone et ceci soulève la question de savoir si ce phénomène pourra en définitive modifier dans sa totalité le climat de la planète. Le fait de brûler des combustibles fossiles et, conjointement, de déboiser les forêts constitue la source principale des émissions de CO_2, qui ont augmenté d'un facteur de 10 depuis 1900 pour atteindre le chiffre énorme de $5{,}3 \times 10^9$ tonnes rien que durant l'année 1980. Ceci doit être considéré en rapport avec le contenu total de l'atmosphère en CO_2, qui avoisine 720×10^9 tonnes. S'il n'existait aucune possibilité d'évacuer une partie de ce gaz, on devrait s'attendre à constater, d'une année à l'autre, une augmentation de sa teneur à raison d'environ 0,75 %.

A G Clarke, *Understanding our Environment*, R E Hester (ed), Royal Society of Chemistry, **1986**

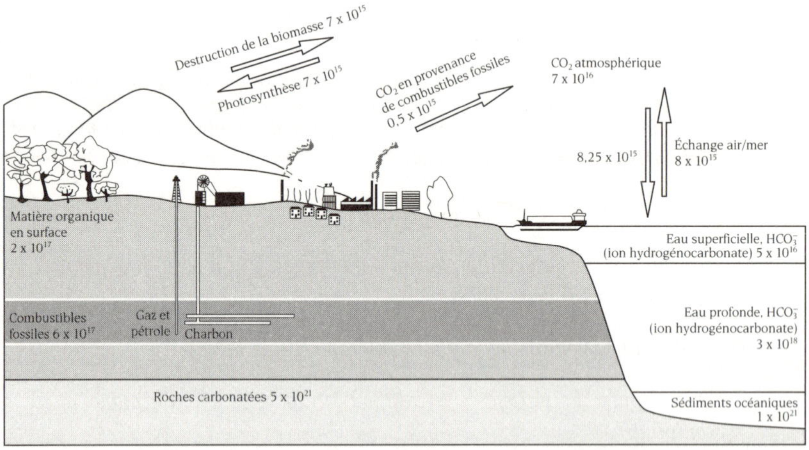

Représentation des réservoirs principaux et des vitesses annuelles des échanges impliqués dans le cycle global du carbone. Les données chiffrées correspondent aux nombres estimés de moles de carbone se présentant sous des formes précises. Les valeurs apparaissant le long des flèches indiquent les nombres estimés de moles de carbone qui sont transférées, au cours de l'année, d'un réservoir vers un autre (dans la direction indiquée). (Repris de I Campbell, *Chemistry Review*, **1992**, *1* (4) ; © Philip Allen Publishers)

Comparer les données apparaissant dans les deux passages en ce qui concerne la production de CO_2 par la combustion des carburants fossiles et par la déforestation. En quoi un ensemble de données prête-t-il à confusion ?

35 Le passage ci-après décrit le procédé de mesure de la distribution du ^{14}C radioactif entre les acides gras et la composante glycérol d'un triglycéride. Un triglycéride est un ester triacylé du glycérol (propane-1,2,3-triol). Les acides avec lesquels le glycérol est estérifié sont des acides carboxyliques à chaîne alkyle non ramifiée et qui comporte typiquement de 13 à 23 atomes de carbone.

Le liquide de scintillation de Bray contient un composé qui a la propriété d'être excité par une désintégration radioactive et d'émettre ensuite un photon lors de son retour à l'état fondamental. Le photon ainsi émis peut être détecté par un compteur à scintillation.

Le contenu des flacons contenant les divers échantillons prélevés est déversé dans des tubes à essai. Après rinçage à l'aide de 5 ml d'un mélange chloroforme / méthanol (2 / 1, v / v), on bouche les tubes à essai, on les agite énergiquement avec un mélangeur de type vortex et on laisse l'extraction se poursuivre durant la nuit. La phase chloroformique est ensuite lavée par une solution de chloroforme / méthanol / H_2SO_4 1 N (3 / 48 / l47, v / v / v).

Un échantillon de la phase chloroformique lavée a été transféré dans une fiole de comptage, évaporé à sec et redissous dans du liquide de scintillation de Bray.

Un autre échantillon a été évaporé à sec, puis saponifié en le chauffant pendant 2 heures à 70 °C en présence de 0,5 ml de KOH 1M dans l'éthanol. Les acides gras libérés ont été extraits par de l'heptane après acidification de l'échantillon saponifié. Un aliquot de la solution d'heptane a enfin été soumis au comptage.

R M Evans & C J Garratt, *Biochim. Biophys. Acta,* **1977**, *489*, 48

a) *Comment les auteurs s'y sont-ils pris pour déterminer la vitesse de désintégration radioactive dans le triglycéride ?*

b) *Que veut dire le terme saponification ?*

c) *Pourquoi le mélange chloroforme / méthanol, qui a servi à extraire le triglycéride, se sépare-t-il en deux phases ?*

d) *Quel était le volume de la phase chloroformique lavée ?*

e) *Que signifie la phrase « un aliquot de la solution d'heptane a été soumis au comptage » ?*

f) *Comment les auteurs s'y sont-ils pris pour déterminer la vitesse de désintégration radioactive dans la composante glycérol du triglycéride ?*

g) *En s'inspirant des deux derniers paragraphes, rédiger un texte qui donne des instructions détaillées au sujet du procédé à suivre et qui pourrait très bien être inclus dans un manuel de laboratoire destiné à des étudiants du second cycle universitaire.*

36 Le passage suivant décrit la préparation de réactifs destinés à deux procédés différents de dosage de la vitamine A. Ces réactifs sont destinés, d'une part à une méthode d'analyse de lots en discontinu et, d'autre part, à un procédé d'analyse par injection dans un flux continu (*F*low *I*njection *A*nalysis, FIA). Les deux antioxydants BHT et BHA sont définis à un autre endroit dans l'article comme étant, respectivement, de l'hydroxytoluène butylé (*B*utylated *H*ydroxy*t*oluene) et de l'hydroxyanisole butylée (*B*utylated *H*ydroxy*a*nisole).

Préparation des réactifs

La solution de saponification, à base d'hydroxyde de potassium et destinée à l'analyse de lots en discontinu, a été préparée en dissolvant 50 g de KOH (en pastilles) dans 100 ml d'eau ; dans le cas de la méthode FIA, la quantité de KOH a été réduite à 30 g par 100 ml d'eau.

La solution d'éthanol destinée à la méthode FIA a été préparée en prenant 90 ml d'éthanol absolu, qui a été ensuite dilué en portant le volume à 100 ml avec de l'eau. Cette solution a été en outre dégazée durant 15 min avant de l'employer dans l'appareil FIA et ce, en vue d'éviter la formation de bulles.

La solution d'antioxydant a été préparée en dissolvant 25 mg de BHT et 25 mg de BHA dans 100 ml d'éthanol absolu. Cette solution a été conservée dans une bouteille en verre brun et à l'obscurité, où elle resta stable pendant plusieurs jours.

E L Pérez & S J Haswell, *Anal. Proc.*, **1995**, *32*, 85

Décrire soigneusement et avec précision la façon dont vous vous y prendriez pour exécuter les trois modes opératoires donnés ci-dessus. Y inclure tous les détails relatifs à l'équipement, à l'appareillage et aux réactifs qu'il faudrait utiliser.

37 Le passage suivant décrit la préparation d'un *N*-sulfinylcomposé alicyclique. Il s'agit de la *N*-Sulfinylcyclohexylamine [5] :

Du chlorure de thionyle (11,9 g) est ajouté goutte à goutte à un mélange de cyclohexylamine (9,9 g) et de pyridine (7,9 g) dans du benzène anhydre (50 ml), puis on essore sur Buchner le chlorhydrate d'amine formé. En suivant ce procédé, on obtient habituellement 9,5 g de thionylcyclohexylamine (65,4 %) ; p. éb. : 78 °C / 15 mm.

G Kresze, A Maschke, R Albrecht, K Bedereke, H P Patzshke, H Smalla & A Trede, *Angew. Chem., Internat. Ed. Eng.*, **1962**, *1*, 89

a) *Développer ce texte de manière à en faire un mode opératoire détaillé, tel qu'il pourrait être inclus dans un manuel de laboratoire destiné à des étudiants du premier cycle universitaire. Y inclure tous les détails relatifs à l'appareillage et à l'équipement nécessaires.*

b) *Suggérer une(des) modification(s) que vous apporteriez à ce mode opératoire pour des raisons de sécurité.*

4

SE FAIRE UNE OPINION JUDICIEUSE

Combien y a-t-il de millilitres dans un seau ?

La chimie est souvent considérée comme un domaine scientifique dans lequel à chaque question correspond une seule « réponse correcte » et on pense, de ce fait, que la tâche de l'étudiant se limite à un apprentissage de ce que sont ces réponses correctes. Les exercices de ce chapitre ont été conçus pour démontrer que ce point de vue est beaucoup trop simpliste et que de nombreux problèmes auxquels les chimistes sont confrontés impliquent un examen judicieux des types de réponses acceptables. Certains, parmi ces exercices, ont tout simplement trait à la signification des mots. Les chimistes sont parfois amenés à attribuer des significations techniques particulières à des mots qui veulent dire autre chose dans la conversation de tous les jours (par exemple, l'adjectif « organique »). Nous devons être capables de reconnaître si un mot est employé dans le sens technique ou non. Mais nous, chimistes, devons également nous rendre compte que nous faisons souvent intervenir des mots techniques (comme, par exemple, la « solubilité ») dont la signification peut parfois manquer de précision.

Le chimiste professionnel est sans cesse confronté à une large panoplie de questions auxquelles correspondent plusieurs possibilités de réponses correctes. Ainsi, par exemple, quelle serait la meilleure méthode à suivre pour exécuter telle mesure particulière ? Comment organiser le mieux une expérience en vue de tester une hypothèse donnée ? N'y a-t-il qu'une seule manière possible d'interpréter des données expérimentales ?

Les exercices de ce chapitre ont été conçus pour attirer votre attention sur quelques exemples de questions auxquelles ne correspond aucune réponse précise. Certains exigent que l'on fasse un calcul sommaire avec des renseignements « issus du bon sens ». Dans ceux-ci en effet, vous ne disposerez sans doute pas des informations suffisantes pour effectuer un calcul précis et la question qui devra vous venir à l'esprit est « cela est-il nécessaire ? » Vous serez maintes fois surpris de découvrir que, très souvent, vous pouvez accéder à des informations précieuses à partir de ce type de calcul ; lorsque vous planifiez une expérience ou que vous tentez d'évaluer une preuve, il est effectivement fort utile de pouvoir estimer la réponse, même s'il est probable que celle-ci s'écarte d'un ou de deux ordres de grandeur de la bonne valeur.

Dans ce chapitre, chaque paragraphe traite d'un aspect bien distinct de la chimie, mais le type d'exercice dans chacun de ceux-ci est fort variable.

Le but final de ces exercices est d'encourager une discussion fructueuse au sujet des questions pour lesquelles nous estimons qu'il existe plus d'une réponse correcte. C'est pourquoi, si nos commentaires apportent quelques conseils sur la manière d'approcher et de résoudre certains exercices particuliers, nous ne proposons pas de « réponses préférées ». Les commentaires relatifs aux exercices 1 et 2 du premier paragraphe qui suit en donnent l'exemple.

1 SOLVANTS ET SOLUBILITÉ

De nombreuses réactions chimiques se déroulent en solution et la plupart des manipulations impliquent l'emploi de solvants. C'est pourquoi, les chimistes doivent parfaitement comprendre les facteurs qui conditionnent la solubilité et ce, en vue d'être capables de choisir quel sera le solvant le plus approprié pour réaliser telle ou telle manipulation. Ceci exige que l'on comprenne exactement les paramètres dont dépend la solubilité. Il faut en outre reconnaître que le langage employé dans ce domaine n'est pas toujours très précis. Les chimistes doivent de ce fait être capables de comprendre la signification de certains mots-clefs d'après le contexte dans lequel ils se situent.

1 **a)** Se servir des questions suivantes en vue de discuter si vous décririez le carbonate de calcium comme étant une substance hydrosoluble.

1. Les coquillages sont-ils solubles ?
2. Envisageriez-vous de construire votre maison en carbonate de calcium ?
3. D'où vient le dépôt qui incruste les bouilloires ?
4. Comment se forment les stalactites ?

b) Se servir des questions suivantes en vue de discuter s'il y a lieu de s'inquiéter de la possibilité que le plomb des vieilles tuyauteries se dissolve dans l'eau potable.

1. Est-il possible de mesurer la concentration du plomb dans l'eau ?
2. Le plomb est-il soluble ?
3. Quels sont les sels de plomb qui sont solubles dans l'eau ?

c) Le trichlorométhane (chloroforme) et l'éthoxyéthane (éther diéthylique) induisent tous deux l'anesthésie par inhalation.

1. Pensez-vous qu'une de ces substances (ou les deux) est (sont) soluble(s) dans l'eau ?
2. Comment ces substances arrivent-elles des poumons vers le cerveau ?

d) Le produit de solubilité concernant $Fe(OH)_3$ vaut 10^{-39}. La concentration du Fe^{3+} dans l'eau des rivières est souvent décrite comme se situant dans la zone approximative de 10^{-6} mol l^{-1}. Comment pourrait-on rendre compatibles ces deux assertions ?

e) Que voulez-vous dire lorsque vous décrivez une substance comme étant

1. soluble ?
2. modérément soluble ?
3. insoluble ?

2 Au vu de vos réponses aux questions suivantes, discutez de ce que vous entendez par une solution concentrée.

a) Une solution saturée est-elle toujours une solution concentrée ?

b) Une solution à 1 % de chlorure de sodium (sel de table) est-elle plus ou moins concentrée qu'une solution à 1 % de saccharose (sucre ordinaire) ?

c) L'acide sulfurique concentré doit être manipulé avec beaucoup de prudence ; lorsqu'on désire le diluer, il faut le déverser lentement dans de l'eau ; à quel niveau de dilution allez-vous le considérer comme n'étant plus concentré ?

d) Votre réponse en (c) vous fournit-elle une règle empirique en vue de pouvoir définir, en toute généralité, ce que vous entendez par concentré ?

Commentaires en guise de mise en train

Des mots familiers tels que « soluble », « concentré » et « dilué » sont fort utiles même s'ils ne peuvent pas avoir de signification chimique précise. Pour répondre à toutes ces questions, vous devez penser à la manière dont nous employons de tels mots et à la portée de ceux-ci lorsque leur signification dépend du contexte dans lequel ils se trouvent. Il faut aussi songer à certaines ambiguïtés qui peuvent surgir si on manque de prudence. L'exercice 1(b) vous rappelle que les noms chimiques peuvent d'eux-mêmes être ambigus ; on emploie souvent le mot « plomb » pour désigner tantôt l'élément métallique, tantôt la forme ionique. L'exercice 1(d) attire votre attention sur le fait que des substances qui sont décrites comme étant en solution peuvent très bien avoir été complexées par un autre soluté ; vous pourriez penser à la différence qui existe en principe (s'il y en a une) entre un ion Fe^{3+} complexé par (disons) un tanin présent dans la solution et un ion sodium solvaté par l'eau. L'exercice 2(b) laisse entrevoir que les circonstances déterminent le contexte fondamental servant de référence ; dans cet exemple-ci, vous devez décider si vous vous préoccupez plus de mesurer la quantité de soluté sous forme de masse plutôt que sous forme d'un nombre de moles.

3 Sachant que vous disposez de l'appareillage et des produits suivants :

- un bain de glace
- un bain-marie (eau bouillante)
- $HCl(aq)$
- $KCl(s)$
- $NH_4OH(aq)$

comment feriez-vous pour

a) rendre maximale

b) rendre minimale

la solubilité dans l'eau des composés suivants ?

1. Carbonate de sodium
2. Chlorure de magnésium
3. Pentanol
4. Acide palmitique
5. Phénol

4 a) Sur quels critères allez-vous vous baser pour faire le choix d'un solvant approprié en vue de recristalliser un produit solide ?

b) Si, à la suite d'un essai préalable, deux solvants s'avèrent tout aussi adéquats pour recristalliser un composé solide particulier, comment allez-vous décider lequel choisir ?

5 a) Sur quels critères allez-vous vous baser pour faire le choix d'un solvant permettant d'extraire (selon la modalité liquide-liquide) un soluté d'une solution aqueuse ?

b) Peut-on vraiment s'attendre à ce qu'une extraction à l'aide d'un solvant aboutisse à un extraction complète ?

c) Comment allez-vous décider du nombre d'extractions successives qui vous semblent nécessaires ?

6 Supposons que vous désiriez mesurer la solubilité d'un composé. Qu'est-ce qui déterminera le laps de temps pendant lequel vous laisseriez le soluté et le solvant en contact avant de décider que la solution est devenue saturée ?

2 SÉCURITÉ

Travailler prudemment et en toute sécurité constitue un aspect essentiel des manipulations au laboratoire. Très régulièrement, les chimistes sont appelés à se faire une opinion au sujet des précautions à prendre lorsqu'ils exécutent une opération particulière ou lorsqu'ils emploient telle ou telle substance. Il est parfois fort utile de prendre un peu de recul en réfléchissant à des activités similaires que l'on réaliserait comme le commun des mortels en dehors du laboratoire. Les deux premières questions de ce paragraphe sont plus ou moins quantifiables. Les deux autres font beaucoup plus appel au jugement personnel. Nous vous conseillons vivement de vous servir de vos réponses à ces questions comme base de discussion, en vue de dégager ce que vous entendez par un « procédé sans danger » et afin de savoir si vous estimez que tout procédé peut être parfaitement exécuté « sans aucun risque ».

1 Quels sont les risques encourus lorsqu'on exécute les opérations suivantes ?

a) Une extraction à l'éther

b) Évaporer de l'éther à sec

c) Chauffer une solution à reflux sur un bain d'huile

d) Plonger des frites surgelées dans de l'huile chaude

e) Chauffer une ampoule scellée jusqu'à 500 °C

f) Se servir d'une casserole à pression

g) Recristalliser une substance dans l'acétone

h) Laver des brosses avec un dissolvant pour peintures

i) Effectuer une synthèse en vue d'incorporer un atome de ^{14}C dans un composé

j) Effectuer une synthèse en vue d'incorporer un atome de ^{131}I dans un composé

2 Quels sont les risques encourus lors de l'emploi des produits suivants ?

a) Solution de peroxyde d'hydrogène

b) Éther

c) Phénols

d) Perchlorates inorganiques

e) Nitrate d'ammonium

f) Benzène

g) Hydroxyde de sodium en pastilles

h) Cyanure de potassium

i) Éthanol

j) Pyridine

3 En se basant sur la sécurité, y a-t-il certains produits parmi les suivants dont l'usage devrait être limité, voire proscrit ?

a) Décapant pour four

b) Poudre pour lave-vaisselle

c) Créosote

d) Colle

e) Feux d'artifice

f) Liquide pour enflammer le charbon de bois d'un barbecue

g) Engrais à base de nitrates

h) Teintures capillaires

i) Vodka

j) Alcool dénaturé

4 Si vous étiez occupé à travailler sous hotte avec du tétrachlorométhane (tétrachlorure de carbone) tout en suivant les recommandations d'usage et les précautions à suivre, pensez-vous que vous pourriez inhaler plus de vapeurs déplaisantes ou dangereuses qu'en vous trouvant dans les circonstances suivantes ?

a) Marcher dans une artère importante d'une ville aux heures d'affluence

b) Faire le plein d'essence de sa voiture

c) Assister à un feu d'artifice

d) Se trouver assis dans le compartiment « fumeurs » d'un wagon de chemin de fer

3 RÉACTIONS

Un domaine fort important de la chimie s'intéresse à l'étude et aux représentations des réactions chimiques. Comme c'était le cas dans les deux paragraphes précédents, on retrouve à nouveau ici l'emploi d'un langage avec des mots dont la signification doit parfois être interprétée selon le contexte dans lequel ils se trouvent. Il existe en outre une autre donnée qui peut être à l'origine d'une ambiguïté : les représentations des structures et des réactions. Il vous faudra prendre en considération le fait que ces représentations correspondent étroitement aux caractéristiques fondamentales de la réalité. Lors de l'étude des réactions, l'obligation de se faire une opinion judicieuse s'étend au-delà de ce qui a trait au langage et aux représentations ; les décisions réelles doivent tenir compte des méthodes. Même dans les situations où des chimistes expérimentés seraient parfaitement d'accord quant à la méthodologie la plus appropriée, il est fort probable que d'un individu à l'autre les décisions relatives à sa mise en application divergeront légèrement. Les exercices de ce paragraphe visent à vous encourager à explorer ces décisions dans un certain nombre de situations différentes.

1 a) Dans quel contexte estimeriez-vous que chacune des substances énumérées ci-dessous serait instable ?

1. CF_2Cl_2
2. NH_4NO_3
3. Fe
4. I_2
5. CH_4
6. C_2H_6
7. $SiCl_4$

Et je dis donc que cette substance est stable...

b) À la lumière de vos réponses, que voulez-vous dire lorsque vous décrivez qu'une substance est

1. stable ?
2. instable ?

2 a) Imaginons les isotopes radioactifs suivants :

- ^{40}K (demi-vie = $1{,}28 \times 10^9$ années) [1]
- ^{14}C (demi-vie = 5730 années)
- ^{125}I (demi-vie = 60 jours)
- ^{131}I (demi-vie = 8,0 jours)

1. Dans quel(s) contexte(s) estimeriez-vous que ceux-ci se désintègrent à une vitesse appréciable ?
2. Dans quel(s) contexte(s) estimeriez-vous que la vitesse des émissions radioactives peut être jugée comme constante en fonction du temps ?

b) Sur quel(s) principe(s) vous baseriez-vous pour décider pendant combien de jours il serait opportun de mettre à l'abri un échantillon de ^{131}I avant d'estimer raisonnablement qu'il a perdu la quasi-totalité de sa radioactivité par désintégration ?

1. N. d. tr. : la demi-vie est aussi appelée la *période de radioactivité du radioélément* considéré.

3 **a)** En quoi les équations apparaissant ci-dessous ne représentent pas convenablement ce qui se passe lorsque les réactifs sont mélangés dans les conditions ad hoc pour qu'ils réagissent ?

1. $CH_4(g) + H_2O(g) \rightleftharpoons 3H_2(g) + CO(g)$

2.

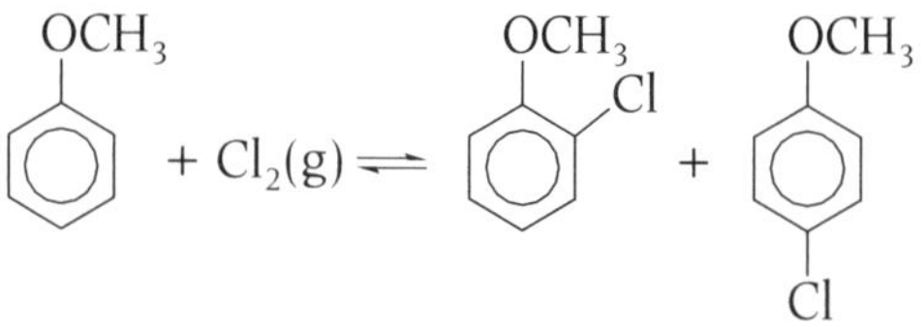

3.

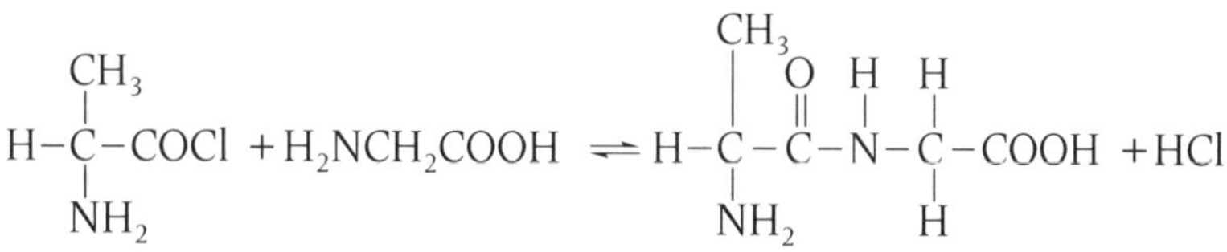

4. $CH_3CH{=}CHCH_3 + HCl \rightleftharpoons CH_3CH_2CHClCH_3$

5.

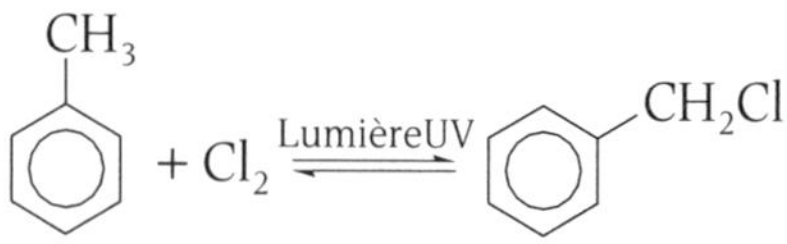

b) Les équations chimiques représentent-elles toujours la réalité ?

4 Un chercheur se propose de comparer l'efficacité de diverses substances en tant que catalyseurs pour l'hydrolyse d'un ester éthylique. D'après les informations trouvées dans la littérature scientifique, il semble qu'une estimation fiable de la vitesse pourrait se faire en 10 à 30 minutes. Donner des raisons qui justifient le choix préférentiel d'**une** des méthodes énumérées ci-après en vue de suivre la cinétique du processus :

a) Prélever des échantillons du mélange réactionnel à intervalles réguliers et faire appel à la chromatographie en phase gazeuse pour déterminer la concentration en éthanol.

b) Suivre les modifications de l'absorbance à 220 nm, étant donné qu'il a été établi que celle-ci change au prorata de l'avancement de l'hydrolyse.

c) Mesurer l'évolution du pH au fur et à mesure du déroulement de la réaction.

d) Mesurer l'évolution de la quantité de NaOH(*aq*) à ajouter pour maintenir le pH constant tout au long de la réaction.

5 Le cristal violet (N.d.tr. : désigné ci-après par CV^+ et aussi appelé violet de gentiane) est un colorant qui absorbe fortement dans la région visible du spectre en raison de sa structure moléculaire caractérisée par une délocalisation électronique étendue. À une longueur d'onde de 590 nm, une solution contenant 10^{-5} mol l^{-1} de cristal violet donne lieu à une absorbance d'environ 0,5 dans une cellule dont le trajet optique est de 1 cm. Le cristal violet réagit avec OH^- et se transforme alors en un produit incolore. Cette réaction peut être représentée comme suit :

$$CV^+ + OH^- \rightarrow CVOH$$

où CV^+ représente la structure A et CVOH représente la structure B.

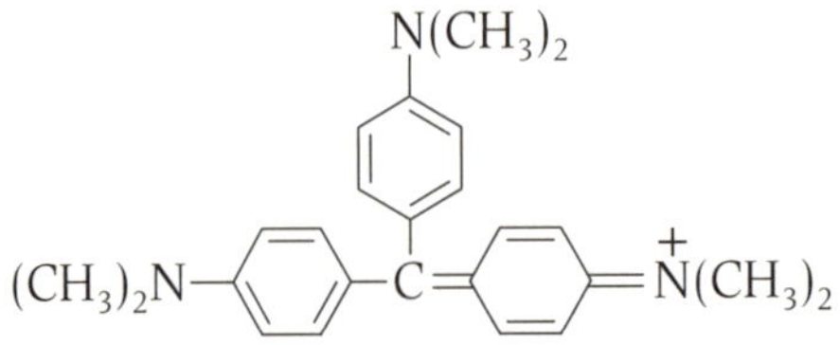

Structure A

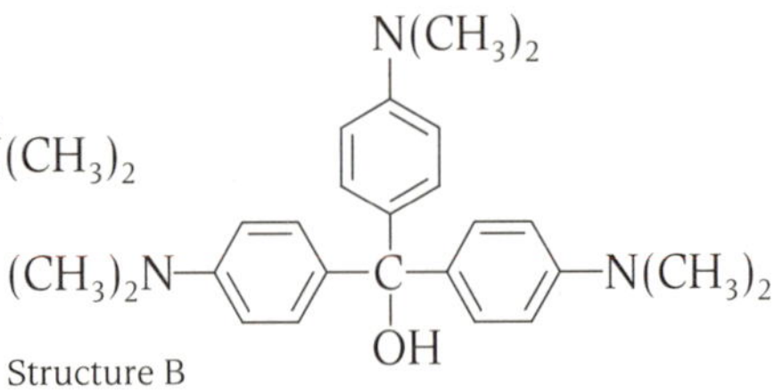

Structure B

D'après l'équation ci-dessus, on pourrait s'attendre à ce que cette réaction soit d'ordre un par rapport à chaque réactif, bref d'ordre global deux.

a) En vue d'obtenir, pour cette réaction, une pseudoconstante de vitesse d'ordre un (k_{obs}), l'un des réactifs doit être engagé en excès. Il vous est possible de mesurer le changement de concentration du cristal violet via la diminution de l'absorbance et, d'autre part, la vitesse à laquelle l'hydroxyde est consommé grâce à la modification progressive du pH.

1. Quel réactif engageriez-vous en excès, et pourquoi ?
2. Dans quel rapport minimum faut-il absolument que le réactif « en excès » soit vis-à-vis de l'autre réactif ?
3. En supposant qu'il vous soit impossible d'enregistrer en continu l'absorbance ou le pH, combien de mesures de la concentration du réactif devriez-vous exécuter en vue d'obtenir une pseudoconstante de vitesse d'ordre un (k_{obs}) ?

b) Comment vous y prendriez-vous pour déterminer la valeur de la constante de vitesse d'ordre deux ?

6 Les spectres d'absorption présentés sont ceux d'un phénol particulier appelé tyrosine, lequel a été dissous dans HCl dilué et dans NaOH dilué.

a) Supposons que l'on vous demande de rechercher le p*K* d'ionisation de la tyrosine en mesurant l'absorption à diverses valeurs de pH. À quelle longueur d'onde exécuteriez-vous cette mesure d'absorption ?

b) Supposons que vous désiriez mesurer la vitesse à laquelle ledit phénol réagit avec ICl pour fournir un dérivé iodé. À quelle longueur d'onde exécuteriez-vous des mesures en vue de suivre la cinétique de la réaction ?

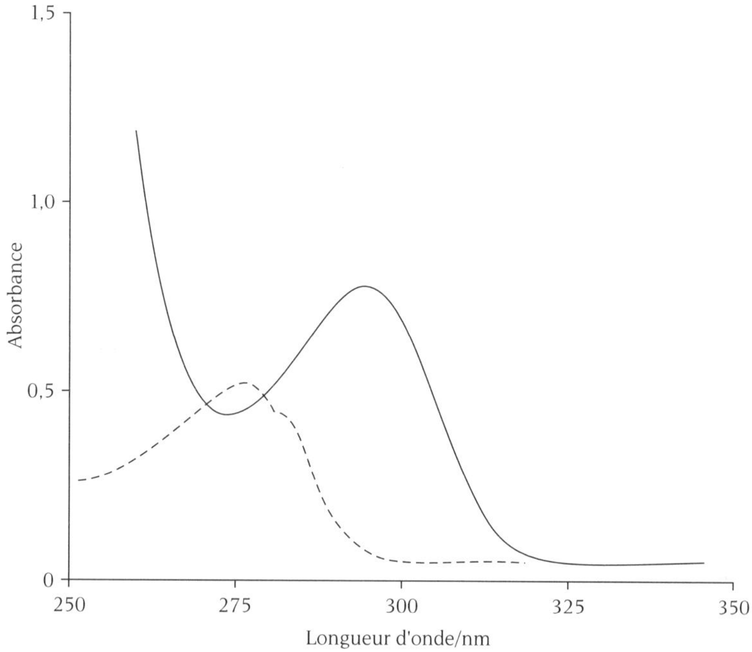

Spectres d'absorption de la tyrosine (un phénol) à pH acide (courbe discontinue) et dans du KOH 0,1M (courbe continue).

4 PURETÉ

Les chimistes professionnels sont fréquemment appelés à se demander si une substance est suffisamment pure pour être employée dans telle ou telle opération particulière. Étant donné que les méthodes modernes d'analyse sont devenues tellement sensibles, il est à présent possible de déceler la présence d'impuretés là où jadis elles étaient indétectables. On peut dès lors logiquement se demander si une substance pure est susceptible d'exister réellement. Un chimiste réaliste sera plus enclin à se demander si telle substance est suffisamment pure pour l'usage qu'on désire en faire. La plupart des exercices de ce paragraphe sont focalisés sur cet aspect et sur la variabilité de la signification de mots tels que « pur », « impur », « contaminé » et cetera selon le contexte décrit.

1 Choisir, dans la liste ci-dessous,

- Eau de mer
- Eau de rivière
- Eau du robinet
- Eau désionisée
- Eau distillée

le type d'eau qui, si c'est le cas, pourrait être acceptable pour l'usage dans chacune des situations suivantes.

a) Boire
b) Garder du poisson vivant
c) Réaliser des étalons pour doser des métaux présents à l'état de traces
d) Comme eau de refroidissement dans une centrale thermique
e) Comme eau pour la turbine entraînant l'alternateur d'une centrale nucléaire
f) Comme eau pour des préparations pharmaceutiques injectables

2 D'après vous, quel devrait être le pH des échantillons suivants d'eau ?

a) Eau de mer
b) Eau du robinet
c) Eau distillée
d) Eau pure

3 Lesquelles, parmi les impuretés suivantes, considéreriez-vous comme étant des substances contaminantes, si elles étaient présentes dans un échantillon d'eau potable ?

a) 150 ppm d'ions calcium
b) 150 ppm d'ions plomb
c) 0,05 % d'ions nitrate
d) 5 % d'éthanol
e) 100 ppm d'ions fluorure
f) 1 ppb de benzène

4 À la lumière de vos réponses aux questions suivantes, discutez afin de préciser ce que vous entendez par « pur » ?

a) La composition d'un « pur jus d'orange » est-elle toujours la même ?

b) Considérez-vous le sel de table ou, d'autre part, le sel de mer comme étant

1. pur ?
2. du chlorure de sodium pur ?

c) En vue d'améliorer les qualités rhéologiques du sel, on peut y ajouter de l'hexacyanoferrate(II) de sodium à raison de 0,01 %. S'agit-il dans ce cas d'une substance contaminante ?

d) La farine de blé provient de la mouture des grains de blé.

1. La farine de blé est-elle pure ?
2. La farine pour pain blanc est-elle plus ou moins pure que la farine pour pain complet ?
3. On ajoute parfois de la craie à la farine blanche pour assurer un apport de calcium, lequel est indispensable pour le développement des os. La craie est-elle, ici, une substance contaminante ?

e) Lequel, parmi les types suivants d'éthanol, considéreriez-vous comme étant le plus pur ?

1. Celui qui résulte d'une fermentation suivie d'une distillation fractionnée fournissant un produit pur à 95 %.
2. Celui qui résulte de la distillation d'éthanol à 95 % sur du benzène, ce qui fournit de l'éthanol à 99,8 %.
3. De l'éthanol dénaturé.
4. De l'éthanol synthétisé à partir d'éthène.

f) D'après vous, quelles seraient, parmi les substances suivantes, celles qu'il faudrait considérer comme impures à la suite de l'ajout accidentel de 1 % d'eau ?

1. Éthanol
2. $SiCl_4$
3. CCl_4
4. NaOH
5. P_2O_5

5 RENDEMENT

Voici un autre paragraphe où la nécessité la plus manifeste d'une opinion judicieuse a trait à la signification d'une phrase telle que « un bon rendement ». Dans certains cas, il est tout à fait suffisant de reconnaître ce que

« bon » est censé signifier dans une situation particulière. Mais dans d'autres situations concrètes, il est parfois indispensable de fixer à l'avance quel sera le rendement minimum acceptable, ou de faire un choix entre différents procédés dans lesquels le rendement le plus élevé (de la réaction déterminante) n'aboutit pas nécessairement au rendement le plus rentable en produit final. C'est de ces différents aspects qu'il est question dans les divers exercices de ce paragraphe.

1 Quelles raisons invoqueriez-vous pour soutenir qu'il est impossible d'atteindre un rendement de 100 % ?

2 Le passage suivant décrit le mode opératoire permettant de synthétiser du tétraiodure d'étain(IV).

Découper 0,8 g d'une feuille d'étain en petits fragments. Placer ceux-ci dans un ballon à fond rond parfaitement sec et y ajouter 3,8 g d'iode et 15 ml de 1,1,1-trichloroéthane. Adapter un réfrigérant dans lequel de l'eau est amenée à circuler et refluer doucement jusqu'à ce que tout l'étain ait été consommé. Le réfrigérant étant maintenu au ballon, refroidir ce dernier dans un bain d'eau glacée. Lorsque le ballon est froid, on le retire du bain glacé et on essore immédiatement le produit obtenu sur un entonnoir sec pourvu d'un filtre en verre fritté. On lave le précipité avec du 1,1,1-trichloroéthane sec et froid, puis on le dépose dans un dessicateur à vide raccordé à une pompe que l'on laisse fonctionner durant 5 minutes. Le produit brut est ensuite recristallisé dans du 1,1,1-trichloroéthane.

On vous dit que le rendement maximal auquel vous pourriez vous attendre serait de 60 %. Lorsque vous avez exécuté l'expérience, vous avez obtenu un rendement de

a) 70 %

b) 40 %

Dans chacun de ces deux cas, proposer des raisons justifiant l'écart par rapport au rendement attendu et identifier les étapes du mode opératoire auxquelles vous serez particulièrement attentif lors d'un nouvel essai.

3 En ce qui concerne la synthèse du propanoate de butyle, comment vous y prendriez-vous pour augmenter le rendement en ester par rapport au *n*-butanol ?

$$n\text{-}C_4H_9OH + C_2H_5COOH \rightleftharpoons C_2H_5COOC_4H_9 + H_2O$$

4 Dans quelles circonstances pourriez-vous considérer un rendement de

a) 40 % comme acceptable ?

b) 80 % comme acceptable ?

c) 95 % comme inacceptable parce que trop faible ?

5 Le schéma ci-après donne une représentation simplifiée de la synthèse en phase solide de peptides selon la méthode Merrifield (R B Merrifield, L D Vizioli & H G Boman, *Biochemistry*, **1982**, *21*, 5020).

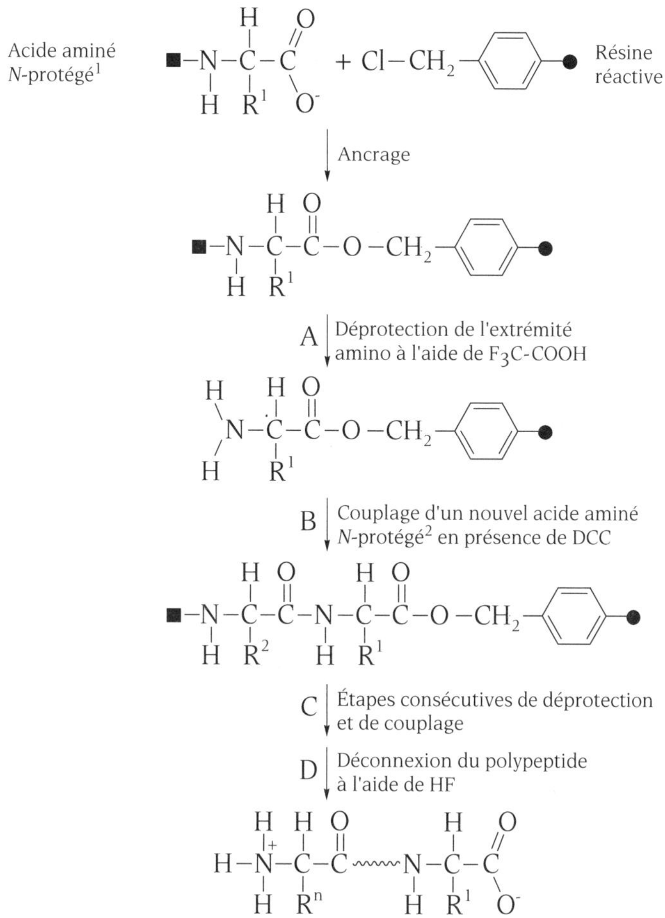

Dans le procédé Merrifield, le premier acide aminé, dont l'extrémité amino est protégée par un groupe *t*-butoxycarbonyle (tBOC), est tout d'abord attaché à un support solide par son groupe carbonyle.

Divers acides aminés sont ensuite additionnés de manière consécutive grâce à une séquence de réactions qui se présente comme suit :

A. Le groupe protecteur tBOC est enlevé lors d'un traitement à l'aide d'acide trifluoroacétique.

B. L'acide aminé suivant, tBOC-protégé, que l'on désire attacher, est ajouté en présence de dicyclohexylcarbodiimide (DCC). Le DCC réagit avec le groupe carboxylique de manière à fournir un dérivé acylé qui est alors attaqué par le groupe amino de l'acide aminé précédent. Le produit secondaire issu du DCC est écarté.

C. Cette séquence déprotection-couplage est répétée au prorata des acides aminés que l'on désire accrocher l'un à l'autre.

D. Le polypeptide finalement obtenu est déconnecté de son support solide à l'aide d'acide fluorhydrique (HF).

a) **1.** Supposons que le rendement des étapes de couplage s'élève à 95 %, alors que celui de toutes les autres étapes atteint 100 %. Imaginons que l'on se mette à synthétiser un tétrapeptide (c'est-à-dire un ensemble de quatre acides aminés attachés l'un à l'autre). Combien de molécules différentes devront-elles se trouver attachées au support solide jusqu'à ce que le quatrième acide aminé ait été ajouté en vue de réagir à son tour ?

2. Combien, parmi celles-ci, seront présentes en quantités significatives ?

b) Dans ce procédé Merrifield, quel rendement considéreriez-vous comme acceptable pour chaque étape, en supposant que vous avez l'intention de synthétiser un polypeptide comprenant 20 acides aminés ?

6 Supposons que vous souhaitiez synthétiser

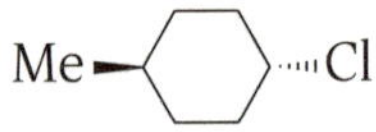

Vous disposez, en guise de produit de départ, de

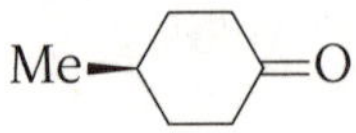

La synthèse à laquelle vous songez (voir ci-après) implique :

- La réduction de la molécule de départ en un alcool.
- La transformation de l'alcool obtenu en la molécule chlorée désirée.

L'étape initiale de réduction aboutit à la formation de diastéréo-isomères *cis* et *trans*. Le rendement global en alcool, de même que les proportions relatives de ces deux isomères dans le produit obtenu, peuvent être modifiés d'après les conditions opératoires choisies.

Quant au procédé visant à transformer l'alcool en dérivé chloré, il peut être choisi, soit pour conserver, soit pour inverser la configuration au niveau du carbone porteur de l'hydroxyle. Ceci a pour conséquence que le produit désiré peut être obtenu à partir de n'importe lequel des diastéréo-isomères purs.

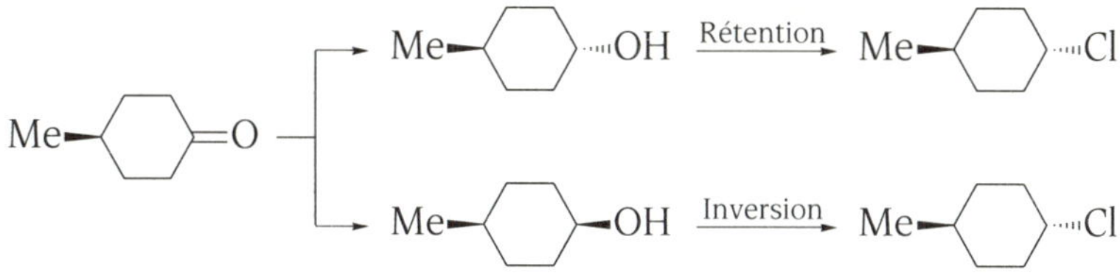

Supposons que vous puissiez choisir les conditions de l'étape de réduction, lesquelles,

- *soit* se traduisent par un rendement global en alcool atteignant 50 %, avec une prédominance de l'isomère *cis* à raison de 95 %,
- *soit* se traduisent par un rendement global en alcool atteignant 95 %, mais avec seulement 50 % d'isomère *cis*.

Dans le cas de chacune des quatre situations suivantes, vers quel ensemble de conditions votre choix se porterait-il ?

a) Il faudrait obtenir environ 5 g de produit.

1. Une méthode simple permettant de séparer ces isomères a été publiée.
2. Apparemment, aucune méthode permettant de séparer ces isomères n'a été publiée.

b) Il faudrait obtenir environ 1000 kg de produit.

1. Une méthode simple permettant de séparer ces isomères a été publiée.
2. Apparemment, aucune méthode permettant de séparer ces isomères n'a été publiée.

7 En vue d'étudier le mécanisme de la réaction entre le dérivé indolique I et le méthanal (formaldéhyde), des chercheurs ont marqué le méthanal avec du ^2H et ont ensuite déterminé quelle était la distribution de l'isotope ^2H dans le produit II. La réaction a été réalisée dans du méthanol acidifié par HCl.

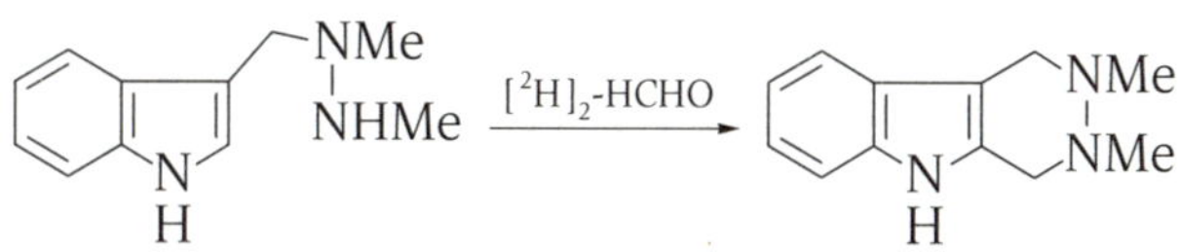

I II

Le produit désiré a été purifié avec un rendement de 26 % à partir du mélange réactionnel, mais il s'est avéré que celui-ci contenait également III, obtenu avec un rendement de 50 %.

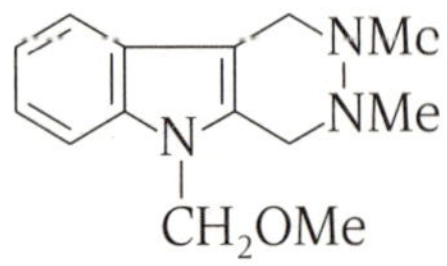

III

Estimez-vous que 26 % soit un rendement acceptable pour cet objectif d'étude du mécanisme réactionnel ?

8 Il y a quelques décennies, les structures de tous les produits naturels étaient déterminées à la suite d'une méthodologie impliquant deux étapes. La première consistait à soumettre la substance purifiée à une dégradation progressive, avec analyse des divers fragments en vue de reconstituer la structure d'origine. Dans un deuxième temps, la validité de ladite structure était contrôlée en synthétisant la substance supposée à partir de précurseurs de formule parfaitement connue, puis en comparant le produit de synthèse au produit naturel. Il n'était pas rare de devoir réaliser une synthèse comportant 20 étapes, avec un rendement global atteignant à peine 1 %.

Est-il vraiment raisonnable de considérer une telle synthèse comme étant la preuve de l'exactitude de la structure du produit naturel, alors que le procédé multi-étapes ne fournit qu'à peine 1 % de la molécule voulue ?

6 ATOMES ET MOLÉCULES

Les tentatives visant à comprendre la chimie et à prédire le comportement ainsi que les propriétés des substances chimiques reposent essentiellement sur la théorie atomique de la matière. Il est vraiment bien trop facile d'oublier que toute la diversité des mots, symboles, diagrammes et autres concepts mathématiques auxquels nous faisons appel pour représenter les atomes, les molécules et les particules subatomiques, ne sont en réalité que des modèles qui nous aident à visualiser certains aspects de la réalité. Il est indispensable de se forger un sens critique pour décider quelle est la manière la plus adéquate de concrétiser ces notions, voire de décrire les caractéristiques de substances données. Les exercices apparaissant dans ce paragraphe ont été conçus pour vous aider à reconnaître la nécessité absolue qu'il y a à se faire une opinion judicieuse lorsqu'on se penche sur ces concepts fondamentaux.

1 **a)** Examiner les divers modes de représentation d'un atome d'hydrogène et discuter de la manière dont vous choisiriez le meilleur mode de représentation d'un atome.

1. H

2. ${}^{1}_{1}H$

3. ^2_1H
4. Un cercle blanc
5. Un cercle noir
6. Un cercle blanc avec un bâtonnet attaché
7. Une sphère blanche
8. Une demi sphère blanche
9. L'équation de Schrödinger

b) Étant donné que les électrons sont extrêmement petits par rapport au noyau d'un atome, dans quel sens faut-il entendre le fait qu'un modèle « compact » (N. d. tr. : ou modèle CPK, des noms des chimistes Corey, Pauling et Kortlung) d'un atome représente l'espace réel qu'il occupe ?

2 a) 1. Qu'entendez-vous par rayon d'un atome d'hélium ?
2. Les atomes d'hélium ont-ils tous le même rayon ?
3. Le rayon d'un atome particulier d'hélium change-t-il parfois ?

b) En répondant aux mêmes questions au sujet de l'hydrogène plutôt que de l'hélium, de quels facteurs supplémentaires allez-vous cette fois tenir compte ?

3 Dans la logique de vos réponses aux questions suivantes, discutez de ce que signifie pour vous une molécule d'eau.

a) 1. L'eau liquide pure est-elle réellement uniquement constituée de molécules de H_2O ?
2. Dans une molécule de H_2O, sont-ce les mêmes atomes d'oxygène et d'hydrogène qui restent réunis durant une période de temps importante ?
3. Votre conception d'une « molécule » d'eau est-elle variable, selon que l'eau se trouve à l'état gazeux, liquide ou solide ?
4. Dans de la glace, pouvez-vous distinguer des molécules distinctes de H_2O ?

b) Quelle est la meilleure façon de représenter la formule du trichlorure d'aluminium ?

c) Une molécule d'acide 2-aminoéthanoïque (glycine, H_2NCH_2COOH) pourrait-elle exister
1. en solution aqueuse ?
2. dans d'autres conditions, quelles qu'elles soient ?

d) Parler de molécules dans les cas suivants a-t-il un sens réel ?
   1. NaCl
   2. SiO_2
   3. Nylon

4 Dans la logique de vos réponses aux questions suivantes, discutez et examinez s'il est possible de définir un métal sans aucune équivoque.

a) Les éléments des groupes 14 et 15 sont-ils assimilables à des métaux ?

b) Quelles sont les propriétés caractéristiques des métaux ?

c) Les non-métaux peuvent-ils présenter un caractère métallique ?

d) Les métaux peuvent-ils présenter un caractère non métallique ?

5 La théorie de la liaison covalente est très fréquemment utilisée pour décrire la nature des liaisons au sein des molécules et des ions simples. En ce qui concerne les exemples donnés ci-après, sont-ils tous valablement décrits par la théorie de la liaison covalente, ou est-il nécessaire de faire appel à quelque autre modèle ?

CO $Co(CO)_6$ C_2H_6 SO_4^{2-}

7 EXACTITUDE ET PRÉCISION

Les chimistes sont appelés à exécuter toutes sortes de mesures fort différentes et doivent être absolument sûrs de la validité de celles-ci. Dans ce contexte, les mots « exactitude » et « précision » sont importants. Certes, dans la vie de tous les jours, de tels mots sont pratiquement interchangeables. Il n'en va pas de même en science. L'exactitude a trait au rapprochement qui existe entre le résultat obtenu et la valeur réelle et dépend des erreurs systématiques (s'il y en a). La précision, quant à elle, concerne l'étalement des résultats et trouve son origine dans les erreurs aléatoires.

En science, il n'est que rarement (voire jamais) possible, soit d'atteindre l'exactitude parfaite, soit d'éviter totalement les erreurs aléatoires. Il s'avère dès lors toujours indispensable, en toutes circonstances, de se faire une opinion judicieuse au sujet du niveau acceptable d'exactitude et de précision. Ceci signifie qu'il est important d'avoir quelque « feeling » en ce qui concerne l'exactitude et la précision que l'on peut espérer obtenir au départ des divers procédés.

Les exercices présentés dans ce paragraphe ont été conçus pour vous aider à examiner avec un esprit critique ces divers concepts dans des contextes variés.

1 De quelle manière chacune des situations suivantes affectera-t-elle votre confiance dans l'exactitude d'une mesure ?

a) Vous doublez le nombre d'opérations de mesure.

b) Vous faites intervenir une méthode alternative en vue d'étalonner votre appareil de mesure.

c) Vous demandez à un autre chimiste de refaire la mesure en suivant le même protocole.

d) Vous faites appel à deux procédés différents pour obtenir la valeur que vous recherchez.

2 Supposons qu'il faille préparer 50 ml d'une solution standard contenant à peu près 2 % de soluté. Vous décidez d'employer la balance digitale qui se trouve sur votre paillasse, laquelle balance affiche le poids jusqu'à 0,0001 g.

a) Avec quelle exactitude espérez-vous connaître la masse du solide que vous avez pesé ?

b) Avec quelle exactitude espérez-vous connaître la concentration de la solution ? (Exprimez vos réponses en terme de pourcentage d'erreur attendue.)

c) En indiquant la concentration de la solution en pour-cent, combien de décimales allez-vous préciser ?

d) Comment modifieriez-vous le mode opératoire en vue d'augmenter la confiance que vous pourriez avoir au sujet de la véracité de la valeur de la concentration ?

e) Votre mode opératoire ainsi modifié se traduira-t-il par une plus grande précision, une plus grande exactitude, ou bien par une amélioration des deux paramètres à la fois ?

3 Supposons qu'il faille employer une certaine quantité (environ 10 ml) d'éther diéthylique, mais connue avec exactitude.

a) Allez-vous mesurer cette quantité d'éther par son volume, ou bien allez-vous exécuter une pesée ?

b) Décrire comment vous allez vous y prendre pour exécuter la mesure voulue.

c) Quelle confiance pourrez-vous accorder à la valeur ainsi obtenue ?

4 La verrerie à usage volumétrique dont on se sert au laboratoire a été directement étalonnée à l'usine.

a) Jusqu'à quel pourcentage de la valeur exacte chacun des objets suivants a-t-il dû être étalonné sachant qu'il est destiné à du travail routinier d'analyse ?

1. Un cylindre gradué
2. Une fiole jaugée
3. Une pipette jaugée
4. Une pipette graduée
5. Une burette

b) Que, si besoin est, devez-vous savoir au sujet de la précision de la méthode d'étalonnage ?

c) Suggérez une procédure qui permette d'étalonner chacune des pièces de verrerie présentées ci-dessus.

5 Deux échantillons d'un même lot d'une amine aromatique ont été transmis, l'un à un chimiste spécialisé en analytique, l'autre à un chimiste pour qui la chromatographie n'a plus de secrets. Le premier chimiste obtient, à la suite d'un titrage par un acide, une valeur qui correspond à 99,8 % de la valeur théorique pour la substance pure. Le second déclare que sa méthode chromatographique laisse entrevoir la présence d'impuretés, lesquelles sont détectées à raison de 0,5 % de la masse de l'échantillon.

Suggérer des raisons possibles qui justifieraient la différence existant entre ces valeurs et proposer des méthodes qui vous permettraient de corroborer votre hypothèse.

6 D'après la réglementation routière en vigueur depuis 1998 au Royaume-Uni, il est illégal de conduire une automobile si vous avez plus de 80 mg (N.d.tr. : 50 mg en Belgique, et seulement 20 mg en Suède) d'alcool par 100 ml de sang. Supposons que la moyenne de **quatre** dosages réalisés sur un échantillon de sang prélevé sur un conducteur ait donné une alcoolémie de 81,0 mg par 100 ml.

Estimeriez-vous que ce conducteur a dépassé la limite autorisée ?

7 La limite de détection des impuretés présentes à l'état de traces se définit habituellement en termes de la hauteur du signal par rapport au bruit de fond (N.d.tr. : en anglais, signal-to-noise level, auquel correspond le sigle S / N), tel qu'on l'observe sur un tracé. Ici, par exemple, on se focalisera sur le rapport existant entre la hauteur d'un pic chromatographique attendu et le bruit de fond correspondant à la ligne de base (voir diagramme ci-après).

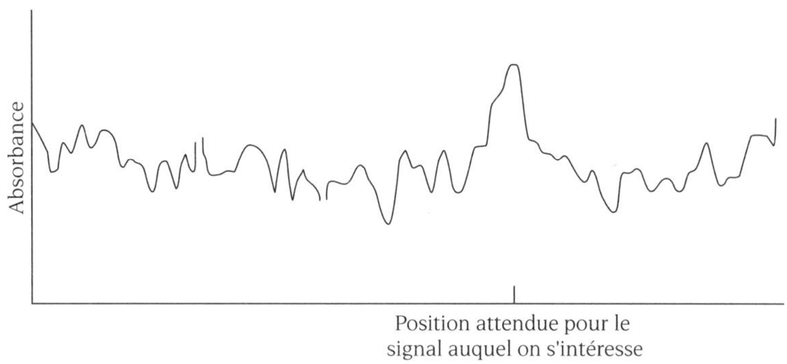

a) Comment allez-vous choisir la ligne de base ?

b) Comment allez-vous définir la hauteur du bruit de fond ?

c) À quelle valeur de S / N

1. allez-vous croire que vous avez détecté une impureté présente à l'état de trace ?
2. serez-vous sûr que vous avez détecté une impureté présente à l'état de trace ?
3. serez-vous disposé à signaler la quantité d'impureté qui est présente ?

8 Les œstrogènes favorisent la croissance du bétail, mais ces anabolisants sont proscrits parce que leur présence dans la chaîne alimentaire soulève des inquiétudes. Des fermiers ont été traduits en justice parce qu'ils étaient suspectés d'avoir fait usage de ces substances illégales. Dans de tels cas, il s'avère parfois indispensable de faire appel à un spécialiste en chimie analytique, afin que celui-ci évalue la probabilité d'obtenir un résultat faussement positif (c'est-à-dire le fait de détecter dans la viande des traces d'un œstrogène interdit alors qu'en réalité cette substance n'y est pas présente). Dans une situation particulière où un œstrogène avait été détecté, l'analyste avait déclaré que la chance d'obtenir un faux positif était de 1 sur 5000.

a) Avec laquelle des assertions suivantes êtes-vous d'accord ?

1. L'évidence analytique établit la culpabilité, car, raisonnablement, aucun doute n'est possible.

2. L'évidence analytique établit la culpabilité dans les limites de la probabilité.
3. Sur la seule base de l'évidence analytique, il n'y a pas de preuves suffisantes pour pousuivre le fermier en justice.

b) Si vous deviez conseiller l'un des avocats au sujet de ce cas, quelle argumentation proposeriez-vous
   1. pour appuyer l'accusation ?
   2. pour appuyer la défense ?

c) Pensez-vous qu'il serait raisonnable de se baser sur les mêmes critères dans une situation où est impliquée
   1. une affaire civile dans laquelle un boucher poursuit un fermier parce que ce dernier lui a fourni une viande invendable à cause de sa contamination en œstrogènes ?
   2. l'exclusion d'un athlète de son association sportive pour usage illégal de substances dopantes ?
   3. une poursuite en justice pour meurtre ?

8 ANALYSE

Lorsqu'on désire se faire une opinion judicieuse au sujet du caractère approprié ou non d'un procédé analytique, il est indispensable d'évaluer l'exactitude et la précision dudit procédé (cf. paragraphe précédent). En outre, il est également nécessaire de prendre en considération toute une série d'autres facteurs tels que l'adéquation vis-à-vis de l'environnement, du coût, de la disponibilité de l'équipement voulu, de la sensibilité etc.

Les exercices présentés dans ce paragraphe fournissent des exemples qui vous obligent à émettre un jugement critique au sujet des caractéristiques de divers problèmes analytiques. Tout ceci en vue de vous aider finalement à rendre un avis au sujet de ce qui fait qu'un procédé analytique est approprié ou pas.

1 Une méthode analytique doit être capable de fournir des résultats fiables. De surcroît, elle doit être adaptée en fonction de son contexte et de son environnement particuliers. Ainsi, par exemple, dissoudre un objet de valeur en argent dans de l'acide nitrique en vue de déterminer la pureté de l'argent n'a aucun sens.

Vous n'avez pas besoin de connaître de manière détaillée la panoplie des procédés analytiques existants lorsqu'il s'agit de repérer la nature des contraintes qui se dégagent des situations problématiques précises.

a) On vous demande d'effectuer une analyse in situ des contaminants présents à l'état de traces dans l'Antarctique. En quoi le fait de vous rendre dans l'Antarctique affectera-t-il le choix des instruments que vous allez emporter ?

b) Sur quels principes allez-vous vous baser pour décider comment analyser au mieux un tableau estimé de grande valeur, afin de savoir s'il ne s'agit pas d'un faux ?

c) Comment vous y prendriez-vous pour déterminer la quantité de dioxyde de carbone qu'il y a dans un échantillon de limonade contenu dans une bouteille en plastique ?

d) Comment vous y prendriez-vous pour contrôler la composition des gaz dégagés lors de l'éruption d'un volcan ?

e) Lors de la planification d'un procédé visant à contrôler la teneur en humidité d'un papier produit en continu dans une usine à une cadence atteignant 15 m s^{-1}, quels problèmes sont-ils prévisibles d'emblée et quelles seront les caractéristiques essentielles de la méthode à choisir ?

2 Un procédé analytique comporte un certain nombre d'étapes qui peuvent comprendre :

- Le prélèvement d'un échantillon de ce que l'on désire analyser.
- La dissolution, l'extraction ou tout autre traitement préalable dudit échantillon.
- La réalisation d'une mesure à l'aide d'un instrument, lequel peut présenter quelques défauts.

- Le traitement des données.
- Le compte-rendu du résultat.

Lesquelles, parmi ces diverses étapes, sont-elles susceptibles, d'après vous, d'être des sources d'erreurs significatives s'il fallait que vous déterminiez

a) le pourcentage de fer dans un lot d'acier ?

b) la concentration de mercure dans un poisson pêché par un chalutier ?

c) le contenu en fibres d'un échantillon d'une céréale ?

d) la teneur en opium de pavots ?

3 L'échelle d'absorbance sur un spectrophotomètre est linéaire vis-à-vis de la concentration, mais logarithmique en ce qui concerne le rayonnement détecté. Ansi, une solution dont l'absorbance correspond à 1 U.A. transmet 10 % du rayonnement incident, une autre,, caractérisée par 2 U.A., transmet 1 % et ainsi de suite. Certains spectrophotomètres de grande précision présentent actuellement des échelles permettant d'enregistrer jusqu'à 6 U.A.

a) Quelle proportion du rayonnement incident est transmise par un échantillon donnant lieu à une absorption de 6 U.A. ?

b) Quels sont les problèmes et les sources probables d'erreurs associés à une mesure précise d'une absorbance de l'ordre de 5 ou 6 U.A. ?

4 Il est tout à fait classique de déterminer la concentration en bromure d'une solution en mesurant la quantité d'une solution standard de bromate qu'il faut y ajouter pour oxyder la totalité du bromure en brome. Vogel, *Quantitative Analysis* (3rd edition), Longman, **1962**, à la page 388, déclare « le moment exact de la fin de la réaction est difficile à déceler, de sorte qu'il est préférable d'ajouter un léger excès de la solution standard de bromate... puis d'ajouter 10 ml d'une solution d'iodure de potassium à 10 % et enfin de titrer l'iode ainsi libéré... »

Ce procédé est un exemple d'un titrage en retour. L'avantage est que dans ce cas on assiste à un virage précis indiquant la fin de la réaction, en l'occurrence la disparition de la couleur du complexe formé entre l'amidon et l'iode (n.d.tr. : bleue), tandis qu'au point final du titrage direct ne correspond qu'une modification peu nette de l'indicateur acide-base.

a) Quelle quantité de solution standard de bromate pensez-vous qu'il faille ajouter pour obtenir le « léger excès » dont il est question dans le texte de Vogel ?

b) Comparé au titrage direct, ce dernier procédé peut-il être à l'origine d'autres sources d'erreurs ?

5 On fait souvent appel aux techniques suivantes pour déterminer l'identité et la pureté des substances.

- Spectroscopie de RMN
- Spectrométrie de masse
- Chromatographie en phase gazeuse
- Chromatographie liquide à haute pression, dite aussi à haute performance (HPLC)
- Analyse élémentaire
- Microscopie
- Spectroscopie infrarouge
- Spectroscopie d'absorption atomique

À quelles techniques, parmi celles qui apparaissent ci-dessus, feriez-vous appel si vous désiriez déterminer

a) la pureté d'un échantillon d'hexachlorobenzène.

b) l'identité et la pureté d'un échantillon d'un hydrocarbure de formule $C_{30}H_{62}$.

c) si un échantillon censé être du charbon de bois en provenance de noix de coco provient bel et bien de péricarpes de noix de coco.

d) la quantité de plomb qu'il y a dans un échantillon de terre.

e) la composition d'un mélange de polymères.

f) la nature des fibres d'un morceau de tissu.

g) la formule chimique des divers pigments présents dans un échantillon de peinture.

6 **a)** Bien souvent, si pas presque toujours, nous effectuons des mesures grâce à des systèmes interposés. Ainsi, par exemple, lorsque nous déterminons la température d'un liquide à l'aide d'un thermomètre à mercure, nous mesurons en réalité le niveau d'expansion de la colonne de mercure dans le tube capillaire du thermomètre. Que mesure-t-on

1. lorsqu'on enregistre un spectre infrarouge avec transformée de Fourier ?
2. lorsqu'on détermine le pH d'une solution aqueuse à l'aide d'une électrode de verre ?
3. lorsque nous exécutons un titrage acido-basique en présence d'un indicateur ?

b) Pourquoi pouvons-nous être sûrs que ces dispositifs mesurent réellement ce que nous pensons qu'ils mesurent ?

7 En vue d'avoir confiance dans un résultat analytique, il est indispensable que vous procédiez à un étalonnage de votre dispositif de mesure avec des standards appropriés. Pour chacune des techniques suivantes, quelles seraient les caractéristiques idéales auxquelles devraient satisfaire les standards d'étalonnage ?

a) Mesurer le pH d'une solution aqueuse.

b) Déterminer le λ_{MAX} d'un composé dans la région UV/visible du spectre.

c) Faire appel à la chromatographie en phase gazeuse pour déterminer la composition d'un mélange d'acides gras, obtenus à la suite de l'hydrolyse d'un échantillon de triglycérides. (Il est nécessaire de transformer préalablement ces acides gras en esters méthyliques en vue d'augmenter leur volatilité.)

d) Déterminer le pourcentage en poids de Al et Mg (par spectroscopie d'absorption atomique) et de Si (par ICP-MS) dans un échantillon d'un minerai.

9 ÉQUILIBRES

Ce paragraphe-ci présente de nombreux points communs avec le 3e paragraphe de ce chapitre 4 (Réactions). Cette situation est parfaitement logique puisqu'à chaque réaction correspond une constante d'équilibre. Il n'est dès lors pas surprenant que certains, parmi les exercices de ce paragraphe-ci, visent à ce que le lecteur émette un jugement au sujet de la signification de mots techniques dans divers contextes particuliers. D'autres exercices impliquent que l'on évalue le pour et le contre de différents procédés et que l'on envisage les conséquences probables entraînées par l'exécution d'un procédé plutôt qu'un autre. Il est très utile d'être capable d'en arriver là, car les chimistes professionnels sont incapables (par définition) de savoir à l'avance ce qui se passera lorsqu'ils exécuteront des expériences, de sorte qu'ils ne peuvent faire que des prédictions. Quelques autres exercices encore sont présentés ici, lesquels obligent le lecteur à faire un calcul de pur bon sens, en fonction de ses connaissances acquises. Pour certaines personnes, les résultats de ces calculs peuvent créer une réelle surprise, mais, de toute façon, ils permettront de faire mieux comprendre les principes qui régissent les équilibres.

Dans le paragraphe suivant, l'accent sera à nouveau essentiellement mis sur des calculs de pur bon sens.

1 **a)** L'eau se dissocie selon l'équation :

$$2H_2O \rightleftharpoons H_3O^+ + OH^-$$

La proportion de molécules dissociées est-elle susceptible de changer en fonction

1. de la température ?
2. du pH ?
3. de la dilution de l'eau par ajout, par exemple, de propanone (acétone) ?

b) L'acide chlorhydrique est habituellement considéré comme étant un acide fort, ce pourquoi il est complètement dissocié en solution aqueuse diluée.

1. L'acide perchlorique est un acide plus fort que l'acide chlorhydrique ; peut-il être plus dissocié encore que HCl en solution aqueuse ?
2. Pour quelles sortes de raisons pourrait-il être utile d'employer un acide qui est plus fort que HCl ?

c) Le carbonate de calcium peut se dissocier comme suit :

$$CaCO_3(s) \rightleftharpoons CaO(s) + CO_2(g)$$

La constante d'équilibre vaut 0,168 à 800 °C.

Serait-il possible, à 800 °C, de transformer $CaCO_3$ en CaO avec un rendement de 100 % ?

d) L'adénosine triphosphate (ATP) joue un rôle fondamental dans les réactions de transfert d'énergie propres aux organismes vivants. Si, dans la formule suivante, A représente l'adénosine, l'hydrolyse de l'ATP au pH corporel peut être représentée comme suit :

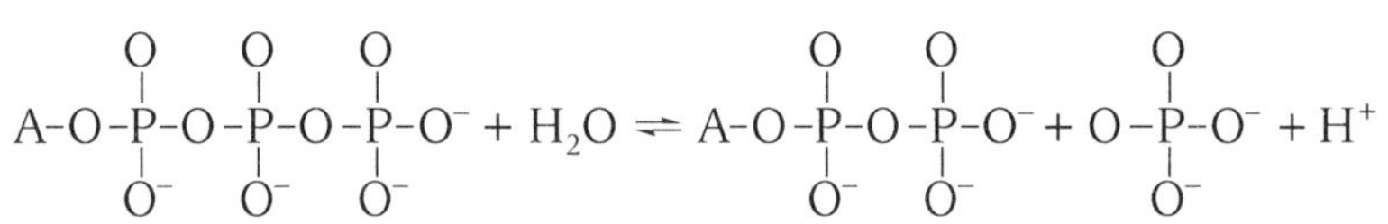

Le $\Delta G^{\ominus}$ de cette hydrolyse de l'ATP vaut environ +7 kJ mol^{-1}.

Cette réaction est-elle susceptible d'évoluer jusqu'à son achèvement complet

1. dans les conditions standard ?
2. à pH 7,0 ?

e) Existe-t-il une règle empirique à laquelle vous pourriez faire appel pour décider quand une constante d'équilibre est suffisamment grande pour que vous puissiez considérer qu'une réaction évoluera jusqu'à son achèvement complet ?

(N.d.tr. : ce dessin humoristique se comprend mieux dans l'édition anglaise parce que « règle empirique » se dit en anglais « rule of thumb », soit littéralement « règle du pouce ».)

2 De nombreux acides se dissocient selon l'équation suivante :

$$HA \rightleftharpoons H^+ + A^-$$

La constante de dissociation (K_a) est définie comme étant $\frac{[H^+][A^-]}{[HA]}$

Le pK_a relatif à cette dissociation correspond, par définition, à $-\log K_a$

De ce fait, $pK_a = pH - \log \frac{[A^-]}{[HA]} = pH + \log \frac{[HA]}{[A^-]}$

a) Lorsque l'acide est à moitié dissocié, que pouvez-vous dire à propos de la valeur du pH ?

b) À quelle valeur de ($pH - pK_a$) estimeriez-vous que l'acide est

1. ionisé à raison de 90 % ?

2. ionisé à raison de 99 % ?

3. complètement ionisé ?

3 **a)** Une solution 0,1 molaire d'acide sulfurique est-elle plus forte qu'une solution 0,1 molaire d'acide chlorhydrique ?

b) Selon vous, doit-on s'attendre à ce que le pH d'une solution de H_2SO_4 5 M soit

1. plus bas que –1 ?

2. exactement égal à –1 ?

3. plus élevé que –1 ?

4 Imaginons une molécule colorée A qui s'ionise selon le schéma suivant :

$$HA^+ \underset{pK_a = 4}{\rightleftharpoons} A + H^+ \underset{pK_a = 9}{\rightleftharpoons} A^- + 2H^+$$

Supposons que l'on désire déterminer le coefficient d'extinction molaire (dit aussi l'absorptivité molaire) du composé A.

a) À quel pH exécuteriez-vous la mesure ?

b) Quelle variation de pH seriez-vous amené à tolérer ?

c) Quel tampon emploieriez-vous, en vous basant sur la liste ci-dessous ?

Glycine (acide aminoéthanoïque)	pK_a 2,35, 9,8
Acide acétique	pK_a 4,7
Acide benzoïque	pK_a 4,2
Acide phosphorique	pK_a 2,1, 7,2, 11,8
Acide borique	pK_a 9,2

d) Comment modifieriez-vous votre réponse

1. si A ne pouvait pas être protonné ?

2. si A était incapable de perdre un proton ?

3. si les deux valeurs de pK_a étaient 1 et 6 ?

5 Dans un article publié récemment, il est fait état de la recristallisation d'un sel sodique d'un acide organique à partir d'une solution de H_2SO_4 1M.

a) Dans cette solution de recristallisation, quels ions sont, d'après vous, susceptibles d'être présents en concentration importante ?

b) Étant donné que c'était le sel de l'acide organique et non l'acide lui-même qui avait recristallisé, que pouvez-vous en déduire en ce qui concerne la valeur du pK_a de l'acide organique ?

6 Les produits de solubilité relatifs au chromate de strontium et au chromate de baryum valent respectivement $3{,}6 \times 10^{-5}$ et $5{,}0 \times 10^{-10}$ mol l^{-1}.

a) En solution aqueuse, pour quel rapport Sr:Ba allez-vous, selon vous, voir les deux sels précipiter ?

b) Si vous disposiez d'un mélange de Ba^{2+} et de Sr^{2+} en solution aqueuse, quels facteurs seraient, d'après vous, déterminants en vue de considérer si oui ou non un titrage à l'aide de chromate de potassium serait une méthode appropriée pour préparer

1. du $BaCrO_4$ pur ?

2. du $SrCrO_4$ pur ?

7 Le K_p relatif à la dissociation de N_2O_4 en NO_2 vaut 0,115 atm à 298 K. Supposons que vous disposiez de deux échantillons identiques de N_2O_4, lesquels sont maintenus à 298 K :

a) Si vous comprimez un de ces échantillons jusqu'au dixième de son volume d'origine, le rapport N_2O_4:NO_2 va-t-il

1. augmenter ?
2. rester inchangé ?
3. diminuer ?

b) Si vous ajoutez de l'hélium à l'autre échantillon de manière à en augmenter la pression jusqu'à dix fois sa valeur d'origine, le rapport N_2O_4:NO_2, comparé au rapport de l'échantillon comprimé, sera-t-il

1. plus élevé ?
2. identique ?
3. plus bas ?

8 Les ions cuivre(II) sont complexés par l'ammoniaque, ce qui donne lieu à la formation d'un produit fortement coloré. La constante de stabilité de ce complexe amminecuivrique vaut $1,4 \times 10^{13}$.

$$Cu^{2+} + 4NH_3 \rightleftharpoons [Cu(NH_3)_4]^{2+}$$

Supposons que vous réalisiez une solution dans laquelle a été dissous le sel amminecuivrique à l'état pur.

Si ladite solution est ensuite diluée par un facteur de dix :

a) Le rapport Cu^{2+}:$[Cu(NH_3)_4]^{2+}$ va-t-il

1. augmenter ?
2. diminuer ?
3. rester inchangé ?

b) L'intensité de la couleur de la solution va-t-elle

1. diminuer jusqu'à moins d'un dixième ?
2. diminuer d'un dixième ?
3. diminuer de moins qu'un dixième ?

9 Une des manières permettant de déterminer la concentration d'une solution en Ni^{2+} consiste à titrer celle-ci par un agent de complexation tel que l'EDTA. En guise d'indicateur, on emploie de la murexide ; il s'agit d'une substance bleutée qui forme un complexe de couleur jaune avec Ni^{2+}. Le point final du titrage est atteint lorsque la couleur vire du jaune (couleur de la murexide complexée) au bleu violet indiquant que de la murexide libre est présente.

La constante de stabilité du complexe EDTA-Ni^{2+} vaut 4×10^{18} mol l^{-1}. Typiquement, la concentration du Ni^{2+} dans la solution à titrer est de l'ordre de 2×10^{-2} mol l^{-1}, tandis que l'indicateur, en l'occurrence la murexide, est ajouté de façon à obtenir une concentration d'environ 10^{-5} mol l^{-1}.

a) 1. Si vous ajoutez une quantité stœchiométrique d'EDTA, quelle sera la concentration du Ni^{2+} libre ?

2. La couleur aura-t-elle viré du jaune au bleu ?
3. Est-il probable que le changement de couleur se produise trop tôt ? (C'est-à-dire, avant qu'une quantité stœchiométrique d'EDTA n'ait été ajoutée ?)

b) 1. Quelle concentration d'EDTA faudrait-il atteindre pour pouvoir réduire effectivement la concentration en Ni^{2+} libre à zéro ?
2. Ceci est-il réalisable ?

10 ESTIMATIONS

La question la plus célèbre se rapportant à une estimation provient d'un examen d'entrée à l'Université de Cambridge : il était demandé aux candidats combien de molécules du dernier soupir de Jules César ils venaient juste d'inhaler. De même, pour les questions qui sont posées ci-après, aucune réponse exacte n'est attendue ; ce qui est demandé, c'est plutôt de faire des estimations basées sur le sens commun de manière à faire émerger une réponse rationnelle, laquelle sera parfois surprenante. Tout ceci impliquera le plus souvent d'effectuer des calculs en fonction du background scientifique dont on dispose. Dans les cas concrets, une réponse grossière est souvent la plus commode, voire la meilleure qui puisse être trouvée. Parfois, l'approximation vous forcera à décider s'il faut examiner le problème dans tous ses détails ou s'il est manifestement impossible de mener à bien la tâche demandée.

1 Si l'ensemble de l'air qui est dans la pièce où vous vous trouvez en ce moment était condensé à l'état liquide, quel volume occuperait-il ?

2 Le silicium qui est employé en électronique est un des éléments chimiques parmi les plus purs que l'on trouve sur le marché. Il peut être pur à raison de 99,999999 %. Combien y a-t-il de molécules d'impuretés dans un échantillon de silicium d'une telle pureté ?

3 Si toutes les molécules d'un morceau de sucre étaient alignées bout à bout, jusqu'où cette chaîne de molécules s'étendrait-elle ?

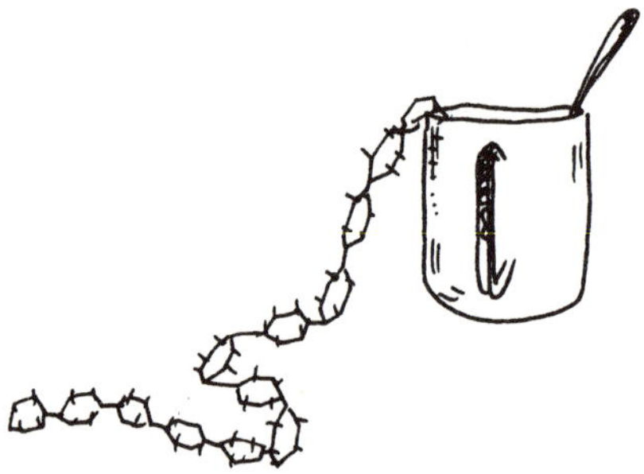

4 À certains pièges pour papillons nuisibles, dont le *Bombyx disparate* (N.d.tr. : la chenille de ce papillon, très vorace, cause d'importants dégâts dans les vergers), on ajoute classiquement, en guise d'appât, quelques nanogrammes (10^{-9} g) d'une phéromone sexuelle appelée « disparlure ». De tels pièges sont très efficaces pour attirer ces lépidoptères et ce, à une distance d'au moins un kilomètre pendant plusieurs jours.

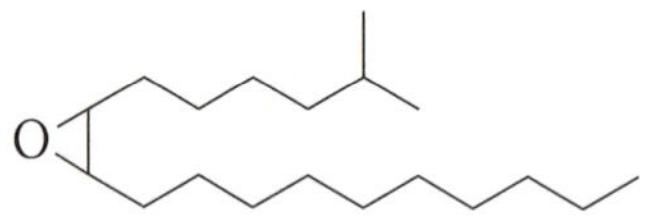

a) Imaginer quelle pourrait bien être la concentration approximative de ces molécules de phéromones dans l'air à une distance de 1 km de la source.

b) D'après vous, quel devrait être le nombre minimal de telles molécules qui seraient censées interagir avec le récepteur propre à ladite phéromone pour déclencher une réponse comportementale de la part de ces papillons ?

c) Quel volume d'air pourrait-il passer au travers des trachées d'un tel papillon, lorsque celui-ci vole de-ci de-là pendant une minute ?

d) On pense que, chez les insectes, les récepteurs des phéromones sont localisés au niveau des deux antennes. Pourriez-vous imaginer un mécanisme grâce auquel ces papillons sont capables de se diriger par eux-mêmes vers l'endroit où l'appât de phéromones a été placé ?

5 Nous pouvons considérer qu'à peu près toutes les trois semaines notre épiderme est complètement régénéré.

a) Quelle masse de peau perd-on ainsi au cours d'une telle période ?

b) Quelle est l'implication de ceci en termes de molécules d'acides aminés à incorporer dans la masse cutanée qui se régénère chaque seconde ?

6 Le vide le plus poussé que l'on puisse obtenir est de l'ordre de 10^{-9} torr ($1{,}33 \times 10^{-7}$ Pa).

Combien de molécules subsistent-elles dans une enceinte dont la contenance est de 1 litre et dans laquelle on a réalisé un tel vide ?

7 Une usine de produits chimiques s'était trouvée confrontée à un problème tout à fait particulier : il fallait trouver un moyen de produire 10 tonnes par an d'une substance spéciale, laquelle résultait de l'hydrolyse d'un liquide. Les ingénieurs avaient suggéré d'exécuter cette synthèse selon un procédé en continu, au cours duquel le liquide voulu serait injecté dans un courant d'eau et ce, grâce à une seringue ordinaire de laboratoire munie d'une aiguille ad hoc.

a) Ce liquide pourrait-il être injecté dans l'eau à une vitesse suffisante ?

b) Quels problèmes pourraient, d'après vous, surgir lors de l'exécution d'un tel procédé ?

8 **a)** Quel serait le poids d'une mole de cacahuètes ?

b) Combien de moles d'individus y a-t-il sur la Terre ?

9 En spectroscopie de réflexion, les échantillons sont le plus souvent dilués avec un diffuseur inerte tel que de la silice. Idéalement, en l'absence de tout échantillon, la totalité de la lumière incidente est diffractée (c'est-à-dire réfléchie). Grosso modo, 4 % de la lumière incidente qui atteint une simple surface de silice propre, exposée à l'air, est réfléchie.

Quelle épaisseur devrait avoir une couche constituée de particules de silice de 50 µm pour pouvoir considérer que la totalité de la lumière serait réfléchie ?

10 L'expression proverbiale « chercher une aiguille dans une botte de foin » est souvent le leitmotiv des scientifiques qui tentent de détecter et d'identifier des composés qui ne sont présents qu'à l'état de traces.

a) S'il y avait une aiguille dans une botte de foin, estimez-en sa concentration ; exprimez votre réponse en parts par 10^n sur base d'une masse ou bien d'un volume.

b) Supposons que vous ayez réalisé une solution à la concentration de « une aiguille par botte de foin » (faire appel à la valeur que vous venez juste d'estimer). Quel volume de cette solution contiendrait-elle une seule molécule de soluté ?

c) La tâche qui consiste à rechercher une aiguille dans une botte de foin est-elle comparable à la mise en œuvre de la spectroscopie d'absorption atomique lorsqu'il s'agit de détecter un ion métallique présent à une concentration inférieure à 1 ppb ?

11 Imaginez que votre job consiste à fournir des expertises analytiques rémunérées.
Prendre en considération toute technique instrumentale jugée opportune.

a) De quoi allez-vous tenir compte lorsque vous établirez le devis visant à couvrir de manière réaliste les frais occasionnés par une simple analyse ?

b) Comment allez-vous justifier un devis d'un montant différent si le client vous demande des analyses routinières ?

12 Le pH du liquide intracellulaire de la plupart des organismes avoisine 7.

a) Selon vous, combien de protons devrait-on trouver dans le liquide intracellulaire d'une petite bactérie typique (dont le volume est de l'ordre de 2×10^{-12} dm^3), ou encore d'un mycoplasme (dont le volume vaut environ 10^{-15} dm^3) ?

b) Pensez-vous que les protons seront répartis de manière uniforme au sein de ces volumes ?

c) Pensez-vous que le nombre de protons reste constant ?

d) Un pH tel que 7 a-t-il une signification particulière dans le contexte d'une cellule bactérienne ou d'un mycoplasme ?

5
PISTES DE RÉFÉRENCE

La littérature chimique nous fournit des informations en surabondance. Il y a tant d'articles qu'il est impossible de lire de manière attentive tout ce qui est publié, même si on se focalise sur un domaine particulier. Décrypter un paragraphe précis d'une source d'informations n'est pas toujours une tâche aisée. Cela exige souvent que l'on se réfère à d'autres articles bien choisis, en vue d'y repérer des renseignements importants ou intéressants que l'on s'efforcera ensuite de lire avec la plus grande attention.

Une caractéristique inhérente à la littérature scientifique est que l'information recherchée peut très bien ne pas figurer dans l'article comme tel, mais plutôt dans un autre article publié antérieurement et dont la référence est donnée dans la bibliographie.

Les exercices présentés dans ce chapitre ont été conçus pour vous entraîner à retrouver les informations voulues dans des journaux scientifiques bien connus. Dans chaque cas, une référence précise à un article vous est fournie. Ceci constitue un point de départ, qui doit vous permettre de répondre aux questions posées ou de mener à bien les tâches demandées. Certaines réponses seront immédiatement retrouvées dans l'article de référence. D'autres impliqueront que vous alliez consulter un plus grand nombre de références, plus anciennes encore, dont les auteurs font mention, en vue d'y déceler l'information manquante. Dans de rares cas, il vous faudra remonter encore davantage dans le temps et avoir recours à des articles de plus en plus anciens. Comme telles, ces pistes de référence s'avèrent souvent peu fructueuses, en particulier lorsqu'on s'efforce de chercher des informations d'ordre général. Dans les exemples qui suivent, nous avons systématiquement tenté de rendre la tâche la plus explicite possible, de manière à ce que la réponse puisse être parfaitement localisée. La réponse à l'exercice 1 est donnée directement, ci-après, à la suite de l'énoncé de celui-ci. Quant aux réponses de tous les autres exercices, à numéro impair, elles peuvent être retrouvées dans le chapitre 6.

1 Dans un article de Woodward et Schwartz intitulé « Observation in situ de la croissance de monocouches par autoassemblage » (n.d.tr. : en anglais, « In Situ Observation of Self-Assembled Monolayer Growth ») (*J. Am. Chem. Soc.*, **1996**, *118*, 7861), sont présentées les premières images *in situ* d'une croissance de type SAM, lesquelles images prouvent que les molécules se rassemblent sous forme d'îlots bidimensionnels denses lorsqu'elles se séparent de la solution.

a) Que signifie l'acronyme anglais SAM ?

b) La croissance de monocouches de sels de dialkylammonium par autoassemblage sur du mica a été étudiée il y a déja quelques années. Quelle méthode les auteurs ont-ils employée pour obtenir les images ? Que montraient ces images ?

c) Selon Woodward et Schwartz, de quel processus de formation la croissance de monocouches par autoassemblage fait-elle la démonstration ?

d) Quels sont les facteurs qui sont susceptibles d'affecter l'ampleur de la croissance des îlots de monocouches ?

Commentaire en guise de mise en train

a) SAM signifie « *S*elf-*A*ssembled *M*onolayer » : il s'agit de monocouches de molécules organiques qui se forment spontanément par adsorption sur un substrat solide, alors qu'elles se trouvaient au départ en solution.

b) Les images ont été obtenues par LFM, ou microscopie à force latérale (n.d.tr. : en anglais *L*ateral *F*orce *M*icroscopy). Celles-ci laissaient entrevoir une structure fort compacte, avec une homogénéité s'étendant jusqu'à au moins quelques micromètres. (*Langmuir*, **1994**, *10*, 2241.)

c) La formation implique une croissance par nucléation, avec la coalescence des îlots de monocouches.

d) La croissance des îlots de monocouches est proportionnelle à la concentration x la racine carrée du temps.

2 Un article de Kamounah et Christensen décrit « Une nouvelle synthèse de l'iodoferrocène » via l'acide ferrocèneboronique (*J. Chem. Res.* (S), **1997**, 150).

a) Décrire brièvement la méthode suivie par les auteurs pour synthétiser l'iodoferrocène.

b) Trouver une méthode qui permette de synthétiser l'iodoferrocène via la lithiation du ferrocène.

c) Donner quelques applications des ferrocènes, telles qu'elles ont été décrites par les auteurs de cet article.

d) Dessiner la structure de l'iodoferrocène.

3 Les fluides supercritiques sont déja mis à profit dans l'industrie alimentaire et pourraient fournir une alternative environnementale bien plus favorable que les solvants habituellement employés dans les divers secteurs industriels. Il est question de la plupart des possibilités offertes par ces fluides dans un article intitulé « Nouvelles applications des fluides supercritiques » par Brennecke (*Chem. Ind.*, **1996**, 831).

a) Qu'est-ce qu'un fluide supercritique ?

b) Que signifie l'acronyme anglais RESS ?

c) Les fluides supercritiques permettent d'obtenir des produits présentant des morphologies intéressantes. Donnez-en quelques exemples.

d) Que signifie l'acronyme anglais GAS ? Décrivez les principes de ce procédé.

e) Que signifie l'acronyme anglais PCA ? Décrivez les principes de ce procédé.

f) Qu'est-ce qui fait que, dans maintes réactions, les fluides supercritiques sont de bien meilleurs solvants que les solvants organiques ?

g) Quelles sont, pour le CO_2, les valeurs de la pression critique et de la température critique ?

h) Donnez quelques exemples d'applications où intervient du CO_2 supercritique.

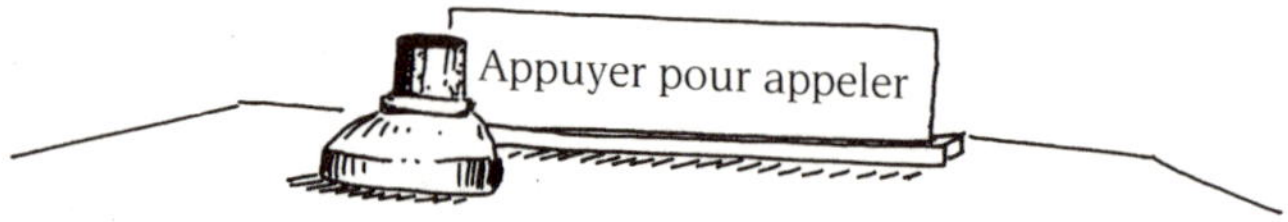

4 Dans *J. Chem. Soc., Faraday Trans.*, **1993**, *89*, 1945, Kirby, Mallion et Pollak discutent de l'existence possible de « polyhexagones toroïdaux ».

a) Qu'est-ce qu'un polyhexagone ?

b) Qu'est-ce qu'un polyhexagone toroïdal ? Donner une représentation schématique d'un polyhexagone toroïdal vraisemblable.

c) Y a-t-il une preuve quelconque qui permette de suggérer l'existence des polyhexagones toroïdaux ?

d) Les auteurs sont-ils persuadés que des structures ayant l'aspect de polyhexagones toroïdaux sont susceptibles de se former ? Quel serait le paramètre qui affecterait le plus leur stabilité ?

e) À quelle classe de composés bien connus les polyhexagones sont-ils apparentés ?

f) Donner l'auteur, le titre et la référence d'un autre article qui traite des critères théoriques impliqués dans l'existence de cages carbonées creuses à structure tridimensionnelle.

5 Un article de Galbács et Csányi fait état de la décomposition en milieu alcalin du peroxyde d'hydrogène (*J. Chem. Soc., Dalton Trans.*, **1983**, 2353).

a) Dans toutes ces expériences, il était extrêmement important de ne tolérer qu'un minimum d'impuretés. C'est pourquoi, l'eau qui devait servir à préparer des solutions alcalines de grande pureté a été purifiée en plusieurs étapes. Décrire comment les auteurs s'y sont pris pour exécuter cette tâche.

b) Dans ces solutions alcalines, quelle fourchette de valeurs de pH s'est avérée la meilleure pour assurer une vitesse maximale de décomposition ?

c) De nombreuses observations ont démontré que des surfaces solides de compositions différentes influencent très fortement la vitesse de décomposition du peroxyde d'hydrogène. Donner quelques exemples de surfaces qui ont été testées.

d) Il est apparu que les ions métalliques manifestaient la propriété de catalyser le processus de décomposition. À quelles méthodes les auteurs ont-ils fait appel pour écarter les ions métalliques ?

6 Todd a décrit (*J. Chem. Educ.*, **1994**, *71*, 440) les résultats inattendus qu'il a observés en arrêtant la distillation des produits issus de la déshydratation du 2-méthylcyclohexanol.

a) Décrire brièvement ces résultats inattendus. Quelle explication l'auteur a-t-il fournie pour justifier de tels résultats ?

b) Se reporter aux références présentées dans cet article pour trouver des informations plus détaillées relatives à cette expérience.

c) Écrire un mode opératoire détaillé pour cette expérience, comprenant également la description de tout l'appareillage nécessaire. Votre texte devrait pouvoir convenir pour un manuel de laboratoire destiné à des étudiants du second cycle universitaire.

7 L'article « Caractérisation des catalyseurs Cr/silice, 2e partie », par Ellison et Overton (*J. Chem. Soc., Faraday Trans.*, **1993**, *89*, 4393), décrit la préparation et l'analyse d'une série de catalyseurs à base de Cr/silice ainsi que l'étude du comportement de ceux-ci vis-à-vis de réductions à des températures programmées.

a) Comment les auteurs s'y sont-ils pris pour déterminer la teneur en chrome desdits catalyseurs ?

b) Esquissez un schéma montrant comment se présente un appareil de réduction avec programmation de température (n.d.tr. : acronyme anglais, TPR, pour *T*emperature *P*rogrammed *R*eduction).

c) Les auteurs se sont servis de CuO en guise d'étalon lorsqu'ils ont mis leur appareil en fonctionnement. D'après la littérature, quelle est la valeur de la « température du pic maximum » en TPR dans le cas d'un étalon de CuO ?

8 Norrild et Eggert (*J. Chem. Soc., Perkin Trans. 2*, **1996**, 2583) se sont servis d'acides boroniques en guise de détecteurs potentiels de glucides.

a) Sur quelle réaction est basé le mécanisme de la détection ?

b) Retrouver et décrire le mode d'obtention de l'acide *p*-tolylboronique, qui est un composé-clé dont il est question dans l'article. Écrire la structure de cette molécule.

9 Dans un article de Klapötke, McIntyre et Schulz (*J. Chem. Soc., Dalton Trans.*, **1996**, 3237), il est question de l'emploi du tétrafluoroborate de nitryle en tant qu'agent de nitration. Les auteurs font état de la nitration de l'adamantane à l'aide de NO_2^+ sous forme de sels et avec du tétrafluoroborate de nitryle.

a) Donner la structure de l'adamantane.

b) Quel était le rendement annoncé lors de la nitration de l'adamantane à l'aide de NO_2^+ sous forme de sels ?

c) Quel rendement a-t-il été obtenu lors de la nitration de l'adamantane avec le tétrafluoroborate de nitryle ?

10 Komiyama, Sumaoka, Yonezawa, Matsumoto et Yashiro (*J. Chem. Soc., Perkin Trans. 2*, **1997**, 75) ont employé des complexes du type polyamminecobalt pour catalyser l'hydrolyse de l'adénosine-3',5'-monophosphate cyclique.

a) Dessiner les structures des ligands suivants :

- 1,4,7,10-tétraazacyclododécane
- (7*R*,14*R*)-5,5,7,12,12,14-hexaméthyl-1,4,8,11-tétraazacyclotétradécane

b) Décrire une méthode de synthèse de la tétraméthyléthylènediamine.

11 Dans *J. Chem. Soc., Dalton Trans.*, **1995**, 3825, Gareh et al. décrivent une nouvelle méthode permettant d'obtenir des composés solides.

a) Qu'y a-t-il de nouveau dans cette méthode de préparation ?

b) Pourquoi est-il nécessaire de faire appel à une nouvelle méthode de ce genre pour préparer des sulfures métalliques à partir d'une source de sulfure telle que Y_2S_3 ?

c) Quel terme emploie-t-on pour décrire le type de réaction grâce auquel Y_2O_3 est préparé à partir de Y_2S_3 ?

12 Beeby, Parker et Williams (*J. Chem. Soc., Perkin Trans. 2*, **1996**, 1565) décrivent, dans le cadre de recherches en photochimie, des ligands comprenant des chromophores de type naphtyle. L'un de ceux-ci était

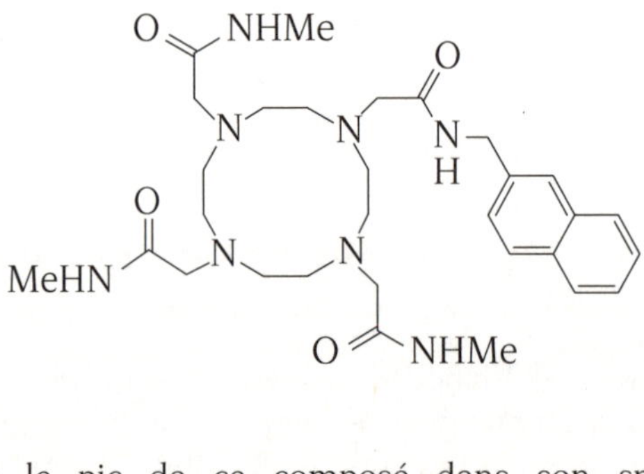

a) Où se situe le pic de ce composé dans son spectre d'émission fluorescente ? Comment l'intensité de celui-ci est-elle modifiée par la présence de différents ions métalliques ?

b) Ces auteurs ont fait intervenir un tricarbonylmolybdène pour protéger sélectivement l'un des atomes d'azote. Pourquoi auraient-ils pu concevoir l'emploi d'un complexe à base de chrome ?

13 L'hydrolyse de certains esters, en l'occurrence des pyridinecarboxylates de 4-nitrophényle, a été étudiée par Colthurst, Nanni et Williams (*J. Chem. Soc., Perkin Trans. 2,* **1996**, 2285).

a) Décrire comment vous réaliseriez la synthèse du picolinate de 4-nitrophényle et de l'isonicotinate de 4-nitrophényle.

b) Pourquoi les auteurs ont-ils porté leur choix sur cette méthode ?

14 Ley et Simkins signalent que l'anion provenant du phénylsulfonyltriméthylsilylméthane réagit dans du 1,2-diméthoxyéthane à –78 °C tant avec les aldéhydes qu'avec les cétones, ce qui donne lieu à la formation des alcénylphénylsulfones correspondantes avec un rendement appréciable (*J. Chem. Soc., Chem. Comm.*, **1983**, 1281).

a) Trouver une équation qui illustre la réaction d'oléfination du phosphore selon Peterson et dégager les caractéristiques les plus marquantes de cette réaction.

b) Ley et Simpkins ont suivi une variante de la réaction de Peterson en vue de transformer divers composés carbonylés en vinylsulfones. Donner le schéma réactionnel du procédé qu'ils ont adopté.

c) Quelle famille de composés a été préparée selon un nouveau procédé au cours de la synthèse totale de l'ajugarine I, qui est un insecticide diterpénique polyoxygéné ?

d) Quelle est la structure de l'ajugarine I ?

15 Dans un article de Gillespie et Liang intitulé « Solutions superacides dans du fluorure d'hydrogène » (*J. Am. Chem. Soc.*, **1988**, *110*, 6053), l'acidité de diverses solutions de substances inorganiques dans HF est examinée, avec des composés nitroaromatiques en guise d'indicateurs.

a) Clifford avait évalué auparavant, avec ses collaborateurs, le caractère acide de divers fluorures métalliques dans HF d'après la facilité présentée par ces solutions de dissoudre CoF_3. Quel ordre de force acide ont-ils obtenu et quels autres ions métalliques se sont avérés capables de se dissoudre dans des solutions de SbF_5 dans HF ?

b) Comment McCauley et al. s'y sont-ils pris pour évaluer l'acidité de fluorures métalliques dans HF ? Quel ordre de force acide ont-ils obtenu et à quoi ont-ils attribué ce caractère acide ?

c) Au cours de leurs recherches, Gillespie et Liang ont pu établir l'ordre de grandeur de l'acidité de divers pentafluorures. Exposez leurs résultats.

d) Donnez les équations correspondant aux réactions de SbF_5 et AsF_5 avec HF.

e) Gillespie et Moss font état, lors de leurs recherches relatives à SbF_5 dans HF, de l'identification d'espèces polynucléaires, comme, par exemple, $Sb_2F_{11}^-$. Écrivez l'équation qui rend compte de l'équilibre entre l'espèce monomère et l'espèce dimère. Quel autre système ont-ils étudié ?

16 Supposons que vous souhaitiez exécuter quelques recherches similaires à celles qui ont été décrites par Naud dans son article intitulé « Décomposition thermique d'arylnitramines » (*J. Chem. Soc., Perkin Trans. 2*, **1996**, 1321) et qu'il vous soit indispensable d'obtenir les valeurs des constantes de vitesse en vue de déterminer les paramètres d'Arrhenius relatifs à la décomposition des nitramines.

Prendre en considération le composé ci-dessous.

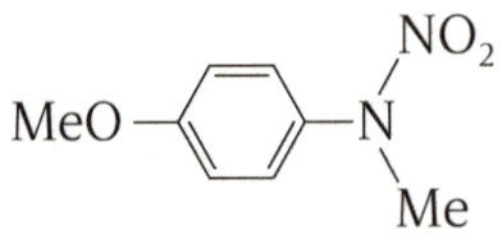

a) Expliquer, dans les grandes lignes, la méthode que vous pourriez mettre à profit pour synthétiser ce composé.

b) En ce qui concerne la réaction de décomposition de cette substance, à quelle sorte de constante de vitesse doit-on s'attendre ?

c) Pourquoi semble-t-il indispensable d'exécuter cette réaction de décomposition dans du toluène, voire dans du benzène ?

d) Pourquoi est-il nécessaire d'ajouter une base organique en excès dans ce milieu réactionnel ?

17 Dans un article écrit par Ikeyama, Kabuto et Sato (*J. Phys. Chem.*, **1996**, *100*, 19289), la méthode Huang-Minlon a été mise à profit pour obtenir, par synthèse, du 5*H*-dibenzo[*a,d*]cycloheptène.

a) Qu'est-ce que la méthode Huang-Minlon et à quoi sert-elle ici ?

b) Rédiger un mode opératoire décrivant la synthèse du 5*H*-dibenzo-[*a,d*]cycloheptène, lequel pourrait figurer dans un manuel de laboratoire destiné à des étudiants de second cycle universitaire.

18 Dans l'article « Cations radicalaires issus de pièges à spin de type nitrone : réaction avec l'eau fournissant des adduits hydroxylés », Bhattacharjee, Khan, Chandra et Symons examinent la possibilité d'employer les pièges à spin de type nitrone pour déceler les radicaux hydroxyle dans des échantillons biologiques par spectroscopie EPR en phase liquide (*J. Chem. Soc., Perkin Trans. 2*, **1996**, 2631).

a) Qu'est-ce qu'un piège à spin et pourquoi cette technique est-elle si utile pour détecter des radicaux tels que OH et O_2^- ?

b) Dans cette étude, quels sont les trois composés qui ont servi de pièges à spin ?

c) Retrouver le spectre EPR d'un radical OH ordinaire et en esquisser l'allure.

19 Dans l'article « Catalyseurs à base de SnO_2-V_2O_5 » de Cavani, Trifior, Bartolini, Ghisletti, Nalli et Santucci (*J. Chem. Soc., Faraday Trans.*, **1996**, *92*, 4321), il est question de la préparation, de l'analyse et des réactions de certains catalyseurs.

Comment les auteurs s'y sont-ils pris pour déterminer la teneur en vanadium des divers échantillons ?

20 Il est question, dans l'article de Rang, Isaksson et Sandström (*J. Chem. Soc., Perkin Trans. 2*, **1996**, 1493), de la séparation d'isomères par chromatographie et du dichroïsme circulaire des rhodanines.

a) Donner une représentation schématique du dispositif qui a servi à déterminer la dépendance du spectre de dichroïsme circulaire vis-à-vis de la température.

b) Quelle est la phase stationnaire qui a été employée pour réaliser la séparation ?

c) Pourquoi un appareil spécial a-t-il été employé ?

21 L'article de Rondeau, Raoult, Tallec, Sinbandhit, Toupet, Imberty et Pradere (*J. Chem. Soc., Perkin Trans. 2*, **1996**, 2623) traite de la réduction électrochimique stéréosélective des thiapyrannes. En guise de comparaison, des essais de réduction chimique à l'aide de zinc dans de l'acide acétique ont également été exécutés, sur base de méthodes mises au point précédemment pour réduire sélectivement les cétones α,β-insaturées.

a) Décrire, en toute généralité, le procédé qui permet de réaliser la réduction chimique.

b) Quelle méthode a été mise à profit pour déterminer les proportions des produits diastéréo-isomères issus de la réduction électrochimique ?

22 En 1969, Timms avait décrit les premières réactions de cocondensation, à l'échelle préparative, de vapeurs métalliques avec des substrats tant organiques qu'inorganiques. Si les réactions impliquant des atomes de métaux ne sont pas utilisées dans le but principal d'obtenir des nouveaux produits, mais plutôt en vue de faire apparaître des intermédiaires extrêmement réactionnels, il est indispensable de se pencher sur une autre stratégie de synthèse. C'est précisément de cela qu'il est question dans l'article « Intermédiaires hautement réactifs obtenus lors de réactions de cocondensation de vapeurs de fer, de cobalt et de nickel avec des arènes » (Zenneck, *Angew. Chem., Int. Ed. Engl.*, **1990**, *29*, 126).

a) Décrire brièvement la méthode suivie par Timms pour synthétiser l'un ou l'autre complexe métallique.

b) À quel type de ligands la méthode ci-dessus se limite-t-elle ?

c) Quelles propriétés des hétérocycles contenant du bore semblent intéressantes, d'après les dires des auteurs ?

d) Écrire la structure du composé rouge qui se forme en tant que produit lors de la réaction de $Co(arène)_2$ avec des acétonitriles plutôt qu'avec des alcynes.

e) Quelles sont les trois méthodes auxquelles il a été fait appel pour synthétiser le bis(2,2'-bipyridyl)cobalt ?

23 Dans l'article « Réactions thermiques de $Mo(CO)_6$ sur des surfaces constituées d'oxydes métalliques » (*J. Chem. Soc., Dalton Trans.*, **1995**, 3753), Ang, Chan, Chuah, Jaenicke et Neo décrivent leurs travaux de recherche sur la décomposition de $Mo(CO)_6$, de même que la mesure de l'énergie de dissociation de la liaison métal-carbonyle.

a) Il est mentionné dans l'article que l'énergie d'activation relative au processus de décomposition se situe dans la fourchette de 80 à 100 kJ mol^{-1}. Quelle méthode a été employée pour déterminer la valeur de cette énergie d'activation ?

b) Trouver une valeur pour l'énergie de liaison, considérée dans la logique d'une rupture de liaison, en ce qui concerne la première liaison Mo-CO.

c) Comment cette énergie de liaison a-t-elle été déterminée ?

24 Dans un article de Nyokongin (*J. Chem. Soc., Dalton Trans.*, **1993**, 3601), se trouvent décrits les résultats de recherches ayant trait aux paramètres cinétiques et thermodynamiques de l'interaction du cyanure avec le complexe ferreux de la phtalocyanine (désignée ci-dessous par pc).

a) Pourquoi les complexes métalliques de la phtalocyanine sont-ils importants dans l'industrie ?

b) Le complexe phtalocyanine-Fe(II) est tout particulièrement important parce qu'il est susceptible de pouvoir servir d'antidote en cas d'empoisonnement par du cyanure. En biologie, quelle famille de composés est analogue à la phtalocyanine ?

c) Pourquoi la comparaison directe entre les deux espèces moléculaires dont il est question en (b) est-elle peu fiable ?

d) Quelles sont les équations qui rendent compte des réactions du cyanure avec [Fe(II)(pc)] dans un solvant favorisant la coordination ?

e) Quelles sont les constantes d'équilibre relatives aux réactions susmentionnées dans du diméthylsulfoxyde ?

f) Quelle serait la valeur globale de la constante d'équilibre pour cette réaction exécutée dans du diméthylsulfoxyde ?

g) Les auteurs donnent un descriptif détaillé de la préparation de $K_2[Fe(pc)(CN)_2]$ qui a fait l'objet d'études au cours de leurs recherches. Réécrire ce mode opératoire, comme s'il devait constituer un exercice de laboratoire destiné à des étudiants du second cycle universitaire.

25 Dans leur article paru dans *J. Chem. Soc., Faraday Trans.*, **1993**, *89*, 95, Maity, Palit, Mohan et Mittal décrivent les résultats de leurs recherches au sujet de la stabilité des fullérènes vis-à-vis des rayonnements.

a) Quand, où et par qui le premier article décrivant les fullérènes a-t-il été publié ? Par quel procédé les premiers fullérènes ont-ils été obtenus ?

b) Que laissent entrevoir les premiers travaux consacrés à la stabilité des fullérènes vis-à-vis de la lumière ?

c) Un article traitant de ce même problème a été publié juste avant l'article de Maity et al. De quels types de radiolyse est-il question dans chacun de ces articles ?

d) Préciser les conditions expérimentales qui sont décrites dans chaque article à propos de la méthode adoptée pour exécuter ces radiolyses.

e) Quelles ont été les conclusions de ces deux groupes de chercheurs ? Que proposent-ils en guise d'état électronique excité ?

f) Vis-à-vis de la radiolyse, quel est le fullérène le plus stable : C_{60} ou C_{70} ? La stabilité varie-t-elle en fonction du solvant employé ?

26 Un article de Garrou (*Chemical Reviews*, **1985**, *85*, 171) a pour titre « Rupture de la liaison carbone-phosphore par l'intermédiaire de métaux transitionnels et intérêt de ceci dans la désactivation des catalyseurs homogènes ».

a) Nyholm a découvert que la décomposition de $Os_3(CO)_{10}(PPh_3)_2$ fournissait plusieurs produits. Combien de produits se sont-ils formés et quelles en sont leurs formules chimiques ?

b) Quels sont les deux groupes de chercheurs qui ont découvert simultanément qu'à la suite du reflux de $IrHCO(PPh_3)$ dans un solvant à point d'ébullition élevé, des cristaux pourpres, doués de propriétés diamagnétiques, se séparaient de la solution ? Donner la structure de ces cristaux ainsi qu'un bref descriptif de la méthode qui a servi à les préparer.

c) Des complexes entre le nickel et des aryles substitués en *méta* ou *para* ont fourni trois produits inattendus. Quels sont-ils ?

d) Parmi les nombreux systèmes catalytiques qui ont été brevetés au sujet de la réaction de transformation du méthanol en éthanol et autres homologues supérieurs, comment pense-t-on que les ions iodure exercent leur effet catalytique ?

27 Dans l'article « Complexes à double noyau de palladium(II) avec de l'isocyanure et des ligands bidentiques porteurs d'un groupe donneur sur l'azote » (*J. Chem. Soc., Dalton Trans.*, **1996**, 3059), Tamasi Ukaji et Yama Moto ont pris le composé $[Pd_2Cl_2(2,4,6\text{-}Me_3C_6H_2NC)_4]$ comme l'un de leurs substrats de départ en vue de synthétiser de nouveaux complexes.

Décrivez brièvement comment vous vous y prendriez pour préparer $[Pd_2Cl_2(2,4,6\text{-}Me_3C_6H_2NC)_4]$.

28 Un article de Chambers et al. (*J. Chem. Soc., Perkin Trans. 1*, **1996**, 1659) fait état d'une nouvelle méthode permettant d'halogéner les composés aromatiques. Il fait également mention de l'emploi classique, par le passé, de *N*-iodosuccinimide en tant que réactif très efficace d'iodation.

Trouver un article qui décrit l'emploi de ce réactif en vue de synthétiser des *trans*-1,2-iodocarboxylates à partir d'alcènes.

Si vous songiez faire appel à cette méthode,

a) dans quel solvant dissoudriez-vous les réactifs ?

b) quels réactifs devriez-vous mettre en présence ?

c) dans quelles proportions mélangeriez-vous ces réactifs ?

6
COMMENTAIRES

1 COMPRENDRE UNE ARGUMENTATION

3 Le meilleur choix est D.

Il est indéniable qu'il existe des substances thixotropes et il est tout à fait vraisemblable, qu'à la suite de mouvements répétés du flacon au cours de la cérémonie, un changement d'état puisse se produire.

A repose sur le fait qu'un « miracle » (il faut comprendre par là un événement supranaturel), peut être défini comme étant n'importe quel évènement auquel on ne peut donner d'explication logique. Cet argument peut être accepté, quoiqu'en science il soit toujours préférable de proposer une hypothèse qui puisse être vérifiée en vue de dégager une explication.

En ce qui concerne B, aucun processus photochimique réversible n'est connu qui soit capable de se traduire par des transformations répétées entre un état solide et un état liquide. Ceci ne signifie pas que de tels processus n'existent pas ou ne puissent pas exister. Quoi qu'il en soit, l'hypothèse B semble moins plausible que la D. Elle ne serait vraisemblable que si on suppose que l'officiant qui fait la démonstration de la liquéfaction du sang met, durant certaines périodes, le flacon à l'abri de la lumière.

L'hypothèse C n'est pas pensable parce que la croissance périodique d'un micro-organisme, même si elle pouvait être provoquée, n'est pas un processus réversible ; on ne peut imaginer que la passage de l'état solide à l'état liquide puisse dépendre du développement ou non à ce moment de micro-organismes.

Quant à E, il est évident que pour qu'une substance hygroscopique puisse absorber l'humidité de l'atmosphère, il faut que celle-ci se trouve dans un flacon ouvert. Or, il est précisé qu'au cours de la cérémonie le flacon est retourné plusieurs fois de bas en haut, ce qui implique manifestement qu'il est fermé.

5 Le meilleur choix est C.

L'argumentation stipule qu'il n'y a aucun intérêt à tenter de synthétiser l'ester à partir de l'acide et de l'alcool *parce que la purification implique de séparer l'ester de l'alcool qui n'a pas réagi.* C est la seule option présentée qui a trait au défaut de l'argumentation.

A et D constituent toutes deux des informations exactes, lesquelles offrent des moyens de contourner le problème. Cependant, elles ne se préoccupent pas de la difficulté soulevée dans la deuxième partie du texte.

Les catalyseurs modifient la vitesse des réactions, mais sont incapables de changer la valeur de leurs constantes d'équilibre. Il s'ensuit que B est certainement inexact, sauf si on interprète cette phrase comme si elle voulait dire qu'il existe des catalyseurs ad hoc qui manifestent une spécificité pour les réactions d'estérification. Quoi qu'il en soit, même si c'est cette interprétation qui est retenue, B est sans rapport avec l'argumentation.

7 Le meilleur choix est B.

La première phrase de ce passage est cruciale. Si vous ne croyez pas que cette assertion est exacte, il n'y a alors aucune raison d'accepter l'argumentation. B fournit une explication quant à la disparition de l'hydrogène et de l'hélium à partir de l'atmosphère et, dès lors, positionne l'argumentation sur des bases solides.

A est une assertion inexacte ; B explique quel est le mécanisme. Si vous n'avez pas la conviction que B est juste, vous pourriez alors choisir A et, dans ce cas *ne pas* accepter l'argumentation.

C est une information exacte, mais sans rapport avec la question vu que, dans le texte, il est question de la fuite, hors de l'atmosphère, à la fois de l'hydrogène et de l'hélium.

D est une information exacte ; en fait, la quantité de l'hydrogène qui est présent dans l'atmosphère est extrêmement faible.

E est également une information exacte, mais sans aucun rapport avec la question.

9 Le meilleur choix est D.

Il est important de se rendre compte que ce passage évoque des conclusions au sujet des *raisons* qui ont poussé les chercheurs à mettre au point des essences sans plomb. D est la seule assertion parmi celles qui sont présentées qui, réellement, a trait à cette argumentation. En vue de reconnaître en D la mise en exergue d'un *défaut* de l'argumentation, telle qu'elle est écrite, vous devez *savoir* si D est une assertion correcte : c'est bien le cas.

A est une information exacte et de fait, les pots catalytiques qui deviennent empoisonnés par du plomb ne sont pas jetés, qu'ils aient été confectionnés à base de platine ou (par exemple) de palladium ; les métaux précieux sont purifiés et recyclés. Cependant, si cette purification était vraiment peu coûteuse, il ne serait pas nécessaire d'employer de l'essence sans plomb pour les voitures équipées de pots catalytiques. De ce fait, A ne met pas en exergue un défaut de l'argumentation, telle qu'elle est présentée.

B ainsi que C sont des informations exactes, mais aucune des deux n'a de rapport avec l'argumentation, telle qu'elle apparaît ici.

11 Le meilleur choix est B.

La conduction de l'électricité est un mouvement d'électrons. Les électrons peuvent se déplacer librement au sein des feuillets, mais sont incapables de sauter d'un feuillet à l'autre. L'explication la plus raisonnable consiste à dire que l'écart entre ceux-ci est trop grand.

A est tout simplement une répétition de l'information figurant dans le texte.

L'assertion D est exacte, mais n'apporte aucune information quant à la conduction de l'électricité.

L'assertion C n'est pas strictement exacte ; il est bien vrai qu'une conductivité élevée implique l'existence d'électrons délocalisés et que les électrons des liaisons π sont délocalisés. Cependant, l'assertion C ne peut pas réellement faire office d'explication théorique, bien qu'elle puisse être considérée comme une supposition sous-jacente à l'argumentation.

13 **Le meilleur choix est B.**

L'argumentation ici est échafaudée sur la constance des résultats obtenus par les deux analystes ; cette constance peut être évaluée en examinant la *reproductibilité* des résultats, ce qui se mesure en l'occurrence par la déviation standard. De ce fait, il semble évident que le chimiste qui a obtenu des résultats caractérisés par la plus petite déviation standard est celui pour qui la précision des analyses est la plus régulière. Toutefois, imaginons qu'on se préoccupe plutôt de 10 mesures exécutées par un même analyste. Si on séparait arbitrairement ces résultats en deux groupes de 5, on ne devrait pas s'attendre à trouver la même déviation moyenne, ni la même déviation standard pour ces deux séries de résultats. Une déviation standard qui est basée sur un petit nombre de mesures ne constitue qu'une estimation ; la valeur réelle peut être plus grande ou plus petite.

L'assertion A peut être vraie, encore que les données présentées ici n'apportent aucun élément en faveur de cette hypothèse. Même s'il existait une différence systématique entre les mesures des deux chimistes, cela ne démontrerait pas nécessairement que l'un a exécuté ses analyses avec une précision plus *constante* et on ne pourrait en tout cas pas en conclure que le chimiste A était le plus régulier.

C et D sont toutes deux des affirmations exactes, mais qui n'ont aucun rapport avec le problème soulevé.

15 **Le meilleur choix est C.**

À moins que C ne soit vrai, il se ferait que l'absence d'une substance neutre dans la phase éthérée n'apporte aucune information au sujet de son existence dans la solution aqueuse d'origine.

A, D et F sont sans rapport avec le problème puisque rien ne subsiste dans la phase éthérée. Ce n'est que dans le cas où un résidu aurait été observé après évaporation de l'éther qu'il eût été nécessaire d'éliminer la possibilité de se trouver en présence de phénol (ou d'un ester phénylique).

Bien sûr, l'eau et l'éther ne sont pas totalement immiscibles (E). Mais d'un point de vue macroscopique, on peut dire qu'ils sont *pratiquement* immiscibles, faute de quoi l'extraction à l'éther n'aurait aucun sens. La phrase « on sépare les deux phases » peut être considérée comme l'*affirmation* de la non-miscibilité de l'eau et de l'éther ; c'est pourquoi E ne correspond pas vraiment à une *supposition*.

17 **Le meilleur choix est D.**

La tautomérie céto-énolique implique qu'un équilibre se soit instauré entre les formes céto et énol. Dans la plupart des cas, les molécules, considérées individuellement, s'interconvertissent rapidement entre ces deux formes. C'est pourquoi, après un certain laps de temps, toutes les molécules seront à un moment ou l'autre passées sous la forme énolique et auront pu réagir selon cette fonctionnalité. Pour autant qu'au moins une petite proportion de la substance soit sous forme énolique, les assertions A, B et E sont toutes vraies, mais n'ont rien à voir avec la question soulevée ici.

L'assertion C revient à démontrer que le test proposé est capable de faire la distinction entre les cétones et les énols. Il est important de savoir qu'il en est bien ainsi. Tout expérimentateur sensé exécuterait réellement ce test en vue de se rendre compte qu'*entre ses propres mains* ledit test marche bien. Quoi qu'il en soit, cet expérimentateur averti reconnaîtra également que ce test est en pratique incapable de le faire aboutir à la conclusion présentée, quelle que soit la manière dont il a été exécuté. Dès lors, C ne constitue pas un défaut de l'argumentation.

19 **Le meilleur choix est A.**

L'assertion A correspond à la réalité. La chromatographie sur résines échangeuses d'ions serait une technique bien peu performante s'il n'y avait implication que de phénomènes ioniques. Mais il ne s'ensuit pas nécessairement que les deux composés *x* et *y* *puissent* être séparés par chromatographie sur résines échangeuses d'ions. Dans bien des cas, ce ne sera qu'à la suite d'un essai concret qu'on pourra savoir si la séparation est possible. Par ailleurs, le fait qu'il ne puisse pas y avoir de différence au niveau des charges constitue une excellente raison pour faire appel à d'autres techniques de séparation, puisque les interactions ioniques avec les groupes acide sulfonique sont incapables de contribuer par eux-mêmes à la séparation.

B et C sont toutes deux des informations correctes, mais qui n'ont rien à voir avec l'argumentation concernant la possibilité de séparer *x* et *y* sur une résine échangeuse d'ions porteuse de groupes acide sulfonique.

En ce qui concerne la proposition D, il est peu vraisemblable que, dans le contexte ici présenté, une modification du pH puisse changer les affinités *relatives* de *x* et *y* vis-à-vis des groupes acide sulfonique de la résine (encore que les affinités *absolues* puissent être affectées). Le pH ne peut pas modifier la charge des composés eux-mêmes puisqu'il s'agit, dans les deux cas, d'ions ammonium quaternaires. Si la force de l'interaction avec *x* et *y* dépend *uniquement* de la valeur moyenne de leur charge positive (comme le stipule l'extrait présenté), il devrait alors en résulter que tout effet du pH sur le degré d'ionisation des groupes acide sulfonique affectera de manière équivalente *x* et *y*.

21 **Le meilleur choix est C.**

La technique dont il est question en C est considérée aujourd'hui comme étant la meilleure preuve de la présence d'électrons délocalisés dans un système aromatique. Le pic des protons aromatiques est déplacé vers des champs plus faibles en comparaison avec les protons ordinaires ; ceci est la conséquence logique de leur déblindage. Ce déblindage est lui-même interprété comme étant le résultat de l'existence d'un courant de cycle dû à un anneau d'électrons lâchement retenus.

L'information A n'apporte aucun élément *supplémentaire* qui permettrait de justifier le concept de délocalisation, par rapport à ce qui a déja été dit dans l'extrait présenté. Elle donne simplement un exemple d'une constatation expérimentale : « le benzène ne réagit pas de la même manière qu'un alcène ».

L'assertion D fait état des tentatives visant à rationaliser de manière théorique le comportement des aromatiques. Mais la question de savoir si une théorie qui se base sur des observations limitées et qui, ensuite, s'avère largement applicable, renforce réellement l'argumentation sur laquelle elle est fondée, semble fort discutable. Toutefois, ce n'est pas dans cette optique que la phrase D est exprimée, de sorte qu'on peut considérer que cette assertion ne corrobore pas la conclusion de l'argumentation donnée ici.

L'observation B est souvent citée en guise de preuve en faveur de la structure parfaitement symétrique du benzène. En réalité, les données issues de la diffraction des rayons X fournissent les valeurs relatives à la position *moyenne* des atomes au sein d'une molécule. Grâce aux études à très haute résolution, qui sont actuellement réalisables en faisant appel aux techniques instrumentales modernes, il est possible d'établir la preuve que les positions relatives de tous les atomes ne sont pas toujours immuables au sein d'une molécule. Cependant, en 1929, lorsque Kathleen Lonsdale démontra pour la première fois la présence d'un cycle hexagonal dans l'hexaméthylbenzène, la résolution n'était pas suffisamment bonne pour réfuter le fait que les liaisons du cycle puissent osciller rapidement entre un type double et simple.

23 **Le meilleur choix est C.**

Un coefficient de corrélation de 1,00 signifie que les données se positionnent en formant une parfaite ligne droite. Une corrélation égale à zéro indiquerait, par contre, que les données sont dispersées de manière aléatoire à l'intérieur des axes *x* et *y*. Les valeurs comprises entre 0 et 1 indiquent dans quelle mesure les données présentent une corrélation étroite (c'est-à-dire se rapprochent d'une ligne droite parfaite), par rapport à l'autre extrême, en l'occurrence l'absence de corrélation entre les valeurs de x et de y. Ainsi, des données en provenance d'un fragment d'une courbe ressembleront presque toujours davantage à une ligne droite qu'à des valeurs x,y dispersées au hasard ; de telles données sont, en général, caractérisées par un coefficient de corrélation élevé. Vous pouvez vérifier ceci en calculant les valeurs exactes de couples x,y à partir d'une équation du type $y = ax/(b + x)$. En limitant l'éventail des valeurs de x, vous constaterez que vous allez faire émerger des ensembles de couples x,y qui donneront des coefficients de corrélation de 0,98, voire plus élevés encore. Ainsi donc, un coefficient de corrélation élevé ne garantit pas nécessairement que la relation soit linéaire. Une mise en graphique vous donnera une meilleure idée de la situation.

Il pourrait être intéressant de suivre, de manière systématique, l'évolution du coefficient de corrélation lorsque la *fourchette* des valeurs de x est étendue, mais cela implique davantage de travail par rapport à une mise en graphique qui est plus fiable, même s'il était possible de rassembler un nombre accru de données.

La proposition B n'apporte aucune aide pour les raisons mentionnées ci-dessus.

La proposition D est toujours une chose qu'il est parfaitement inutile de faire, à moins que vous ayez une raison de croire que les données présentent une corrélation linéaire ; si vous pensez qu'il en est bien ainsi, alors ces suggestions vous donnent la possibilité d'obtenir les valeurs de la pente ainsi que de l'ordonnée à l'origine.

25 **Le meilleur choix est E.**

Deux faits sont d'une grande importance dans ce passage. Le premier est que lorsqu'on se trouve en présence de résultats variables (que cela provienne d'une erreur expérimentale ou de véritables différences entre les échantillons), on ne dispose d'aucun moyen connu pour pouvoir donner une réponse avec une certitude absolue. C'est pourquoi, du moins en théorie, le fournisseur prend un risque s'il certifie que la teneur en sous-produit se situe en dessous du maximum acceptable. Ce fournisseur doit décider du seuil de risque qu'il est prêt à accepter.

Le deuxième fait marquant est que l'erreur indiquée dans ce passage ne peut pas être interprétée de manière significative puisque la nature de cette erreur n'est pas précisée ; il pourrait s'agir d'une déviation standard, d'une erreur standard ou encore d'une espèce de limite de confiance (par exemple 95 %). L'interprétation des données analytiques dépend de manière décisive de la connaissance précise de ce que signifie le signe ±.

Il semble qu'il n'y a aucun motif de voir se dégager la conclusion A ; il y a de nombreuses raisons qui incitent à préciser de faibles teneurs acceptables en impuretés, parmi lesquelles le caractère « dangereux » de l'une de celles-ci.

Étant donné que la signification du « ± 1,5 » n'est pas définie (voir commentaire ci-avant), il n'est possible d'aboutir aux conclusions B, C ou D qu'en se basant sur des suppositions précises au sujet de celle-ci.

27 Le meilleur choix est B.

La manière la plus classique de déterminer ΔH et ΔS pour n'importe quelle réaction consiste à mesurer la constante d'équilibre (et dès lors ΔG) à diverses températures. Le fait que la constante d'équilibre relative au partage du pentanol entre l'eau et le pentanol (c'est-à-dire sa solubilité) diminue lorsque la température augmente (constatation B) est l'évidence même de l'existence d'un terme entropique défavorable, comme l'atteste la première phrase du texte. Ceci ne *prouve* pas que les molécules d'eau se réorientent d'elles-mêmes, mais en tout cas cette explication est compatible avec les faits. À l'heure actuelle, on accepte généralement cette interprétation car elle reste la plus plausible au vu des résultats.

L'assertion A est valable dans le cas d'un grand nombre de substances, mais pas pour le pentanol et autres molécules non polaires ; elle n'a rien à voir avec l'argumentation avancée ici.

L'assertion C est exacte et fournit (au moins en partie) une explication au fait que certains composés sont plus solubles dans l'eau chaude.

D et E sont des concepts généraux importants, mais qui n'apportent ici aucune aide pour établir un lien entre la solubilité du pentanol et des facteurs entropiques.

29 Le meilleur choix est C.

Les indices que l'on trouve dans ce texte ne peuvent fournir aucune information directe au sujet de la densité électronique, encore que les déductions qui émergent semblent tout à fait acceptables. Si l'on désire confirmer la conclusion qui résulte de tous les indices, il est indispensable de pouvoir prouver de manière directe quel est l'atome sur lequel la densité électronique est la plus élevée. Pour autant que l'intermédiaire soit suffisamment stable (comme c'est le cas ici), cette information peut être obtenue à partir d'études en RMN du ^{13}C, puisque la densité électronique est l'un des paramètres qui conditionnent les déplacements chimiques. Dans le cas présent, les résultats de la RMN du ^{13}C indiquent qu'effectivement le carbone 4 est le site où la densité électronique est la plus élevée, ce qui explique pourquoi l'attaque par l'ion ammonium a lieu sur cet atome.

Les propositions A et D concernent deux moyens différents visant à comparer la stabilité thermodynamique du cyclohexa-1,3-diène avec celle du cyclohexa-1,4-diène, ce qui est indispensable. On peut lire dans le texte que la stabilité relative de ces deux substances a déja été établie. L'alternative qui est présentée entre ces deux types d'étude s'adresse donc à ceux qui ne voudraient pas admettre que « l'évidence thermodynamique » s'impose manifestement.

En aucun cas, la mesure de la vitesse de la réaction (B) ne peut fournir d'informations directes au sujet des densités électroniques relatives des divers atomes de carbone. Il est cependant exact que les études cinétiques sont souvent importantes lorsqu'il s'agit de déduire les *mécanismes* à partir desquels on peut se faire une idée au sujet des densités électroniques relatives (comme c'est le cas dans ce passage).

2 CONSTRUIRE UNE ARGUMENTATION

3 La meilleure suite logique est B, A, ce qui est illustré par le fait que C.

Un atome de carbone est qualifié de chiral lorsque quatre substituants différents y sont liés par covalence. Les composés qui contiennent un seul atome de carbone chiral existent sous forme de deux énantiomères, chacun desquels est doué d'un pouvoir rotatoire vis-à-vis de la lumière polarisée plane. Ceci est illustré par le fait que chaque énantiomère de l'acide lactique provoque une rotation du plan de la lumière polarisée.

Une bonne part des argumentations d'ordre chimique ont trait à certaines sortes d'observation (comme ici la phrase C de l'exercice). Cette observation semble être manifestement le point de départ naturel à partir duquel il est possible de faire des déductions logiques. Toutefois, dans cet exercice-ci, les phrases A et B ne sont pas structurées en tant que déductions logiques en provenance de C ; lorsqu'on les lit conjointement, on se rend compte qu'elles fournissent une brève description de la signification de l'adjectif chiral. C'est pourquoi il semble préférable, dans ce cas-ci, de choisir *l'observation* en guise de phrase de conclusion (le lecteur est invité à comparer ceci avec la situation apparaissant dans l'exercice suivant de ce chapitre, en l'occurrence l'exercice 4).

Il faut bien remarquer les mots qui ont été choisis pour connecter C à A. La phrase « B, A, *et dès lors* C » est, en toute logique, également parfaitement acceptable. Le choix de connexion ici présenté en guise de réponse semble meilleur, étant donné que les observations relatives à l'acide lactique précédaient l'explication de la chiralité. C'est pour cette raison que la démarche scientifique correspond mieux à l'enchaînement des phrases, tel qu'il est proposé ici plutôt qu'à un simple « et dès lors ». Se reporter aussi à l'exercice 5 et à plusieurs autres exercices.

5 **La meilleure suite logique est C, B, et ceci illustre que A.**

$HClO_4$ contient plus de groupes oxo que $HClO_3$. $HClO_4$ est un acide plus fort que $HClO_3$. Ceci illustre que dans le cas d'oxacides monoprotiques, l'espèce qui contient le plus grand nombre de groupes oxo est caractérisée par le plus petit pK_a.

Cet exercice laisse entrevoir certains points communs avec l'exercice 3. L'enchaînement « A, C, et dès lors B » est également parfaitement logique. Cependant, il semble que ce sont les observations B et C qui ont très probablement contribué à la généralisation de la « règle » A. C'est dans cette perspective d'une meilleure adéquation avec le contexte scientifique que la suite logique donnée en guise de réponse a été choisie.

Une autre solution possible pour cet exercice consisterait à changer les mots de connexion, pour aboutir à quelque chose du genre « C, B, ce qui fait émerger l'hypothèse que A ». Ce style d'argumentation est acceptable. Néanmoins, dans le cas présent, il est peu opportun de proposer l'hypothèse A sur la seule base d'une constatation concernant deux composés homologues.

7 **La meilleure suite logique est A, C, et ceci explique pourquoi B.**

Le graphite présente une structure en feuillets. Les feuillets du graphite sont maintenus ensemble grâce à des forces de van der Waals. Ceci explique pourquoi le graphite est onctueux au toucher et peut servir à la préparation de lubrifiants.

Il semble que la seule autre phrase qui pourrait servir de conclusion soit C, mais il appert aussi que C ne peut pas être déduite de la combinaison de A et B. On pourrait prétendre que, de fait, C est une information qui se déduit vraiment de la connaissance de ce qu'est une structure en feuillets et, plus précisément, de la distance qui sépare ces feuillets. Mais ceci n'est pas pertinent ici, étant donné que l'exercice implique l'alignement de l'ensemble des trois phrases selon un ordre logique.

Les mots de connexion « ceci explique pourquoi » sonts plus opportuns qu'un simple « et donc ». Manifestement, il est impensable que l'observation B puisse être *prédite* à partir de A et de C. (À comparer avec la situation dans l'exercice 3.) Quoi qu'il en soit, étant donné que B est une observation, les informations A et C, pour autant qu'elles soient considérées conjointement, fournissent une explication plausible.

Il faut reconnaître qu'il existe une autre possibilité : « A, B, parce que C ». Cet emploi d'un « parce que » évite de faire passer B pour une conclusion tout en donnant à la phrase C le rôle d'une explication, ce qui implique que C apparaisse comme la dernière phrase.

(Il faut bien se rendre compte que cette explication, si plausible qu'elle soit, est en fait simpliste. Le graphite, lorsqu'il est parfaitement sec, ne présente aucune propriété lubrifiante. Il semble dès lors que cette propriété dépende de la présence de molécules d'eau entre les feuillets.)

9 La meilleure suite logique est A, C, et dès lors B.

Une solution qui contient du thiocyanate donne une couleur rouge en présence d'ions Fe^{3+}. *La solution X contient du thiocyanate. Dès lors, la solution X donne une couleur rouge quand on y ajoute des ions* Fe^{3+}.

Méfiez-vous de la tentation de proposer « B,A, et dès lors C ». Ceci est un autre exemple d'une fausse logique (laquelle est plutôt plus excessive que celle qui s'avère possible dans l'exercice 1). Des substances autres que le thiocyanate (par exemple les phénols) sont en effet susceptibles de donner une couleur rouge avec Fe^{3+}, de sorte qu'il ne s'agit pas ici d'un test limité au thiocyanate. Dans cet exemple, il est fait usage des mots de connexion « dès lors », encore qu'il eût été plus approprié de terminer la phrase par « la solution X *donnera* une couleur rouge quand on y *ajoutera* des ions Fe^{3+} ». Ceci illustre le genre de problème auquel nous avons fait allusion dans l'introduction du chapitre 2, à savoir que nous nous sommes efforcés d'éviter de donner des indices quant à la bonne séquence par une grammaire adéquate.

11 La meilleure suite logique est A, C, et ceci illustre que B.

Le méthanol forme des liaisons hydrogène et est un liquide. Le méthane ne forme pas de liaisons hydrogène et est un gaz. Ceci illustre que la capacité de former des liaisons hydrogène peut avoir une grande influence sur les propriétés physiques d'un composé.

De toute évidence, c'est sans beaucoup d'hésitations que la suite logique la plus plausible sera trouvée ici. D'autres phrases de connexion (comme, par exemple, « ceci suggère que » ou « ceci fait émerger l'hypothèse que ») sont peut-être préférables. Il semble toutefois que (c'était le cas aussi dans l'exercice 5), les observations A et C, considérées conjointement, sont mieux agencées si on les présente comme étant *l'illustration* du principe général décrit en B.

13 La meilleure suite logique est A, C, et dès lors B.

La constante d'équilibre d'une réaction est définie comme étant le produit des activités des produits divisé par le produit des activités des réactifs, lorsque le système est à l'équilibre. Lorsque A et B sont en équilibre, leurs activités sont égales. Dès lors, dans le cas de la réaction $A \rightleftharpoons B$, *la constante d'équilibre vaut 1.*

Cet exercice présente certains points communs avec l'exercice 5. La séquence « A, B, et dès lors C » est tout aussi logique. Le choix entre celle-ci et celle qui est suggérée dépend de la façon dont on interprète l'origine des phrases B et C.

Il semble plutôt que C est vraisemblablement une observation à partir de laquelle on peut tirer la conclusion B, de sorte que la suite logique qui est proposée en guise de réponse représente sans doute le mieux le concept scientifique présenté (voir l'exercice 3).

Bien sûr, il est toujours possible de calculer la constante d'équilibre d'une réaction à partir des variations d'énergie libre standard d'autres réactions apparentées. Si cette approche était mise à profit, C serait alors une conclusion qui représente correctement le message scientifique.

Il faut également reconnaître que pour mieux comprendre les subtilités du concept d'équilibre, il serait fort utile de calculer les activités (comme en C) à partir de la valeur annoncée de la constante d'équilibre (comme celle donnée en B). Il appert manifestement que la valeur de ce genre de calcul tient au fait qu'il fournit l'occasion de manipuler des données et qu'il permet ainsi de renforcer la compréhension de concepts importants ; mais on ne perdra pas de vue que de tels calculs ne sont que des *exercices*. On ne connaîtra ni ne comprendra jamais mieux la chimie en tournant en rond, c'est-à-dire en calculant les activités de constituants (C) à partir d'une constante d'équilibre (A), laquelle a précisément été calculée à l'origine grâce à l'observation directes de ces mêmes activités.

15 **La meilleure suite logique est A, B, et ceci illustre le fait que C.**

Le nitrate, le chlorate et le perchlorate d'ammonium sont des sels instables qui se décomposent très facilement sous l'action de la chaleur. Le nitrate, le chlorate et le perchlorate sont des ions dont le trait commun est d'être de puissants oxydants. Ceci illustre le fait que les sels ammoniacaux d'anions oxydants sont instables.

La séquence « B, C, et dès lors A » semble tout aussi acceptable d'un point de vue purement logique. Cependant, la logique exige ici que l'assertion C ait été formulée à partir de la constatation que les sels ammoniacaux d'anions oxydants (et non de nitrate, de chlorate et de perchlorate) sont instables. L'assertion C sert ensuite à prévoir le comportement de ces sels ammoniacaux. Pour les mêmes raisons que celles qui ont été présentées dans le commentaire relatif à l'exercice 5, la séquence « A, B, et ceci illustre le fait que C » correspond à la meilleure formulation du message scientifique.

Des phrases de connexion dans le style « ceci mène à l'hypothèse que » sont parfaitement défendables ici, vu que l'assertion C peut être raisonnablement considérée comme étant une hypothèse qui trouve son origine dans l'observation du comportement de trois exemples courants d'anions oxydants. Ceci est à comparer avec les exercices 5 et 11, dans lesquels un seul exemple était présenté.

17 **La meilleure suite logique est A, B, et dès lors C.**

La somme des rayons covalents relatifs à P et à O vaut 0,176 nm. Dans le pentoxyde de phosphore, P_2O_5, diverses liaisons P–O présentent des longueurs de liaison valant, respectivement, 0,160 et 0,143 nm. Dès lors, P et O sont capables de former une liaison $d\pi$-$p\pi$.

La séquence « A, C, et ceci explique pourquoi B » semble également parfaitement logique ; toutefois, si c'est cette séquence-ci qui est préférée, il est alors important de ne pas employer « et dès lors » comme mots de connexion, étant donné que la formation d'une liaison dπ-pπ ne permet pas de prédire les valeurs exactes de raccourcissement des diverses liaisons.

La meilleure conclusion semble être C puisque les deux observations (A et B) aboutissent directement à la conclusion que les liaisons P–O sont, dans P_2O_5, plus fortes que de simples liaisons covalentes. En fait, la conclusion C, telle qu'elle est présentée, comprend une supposition sous-jacente : le lecteur est censé connaître les caractéristiques d'une liaison dπ-pπ.

Il est à noter que pour cette séquence « A, B, C », divers autres mots de connexion (comme, par exemple, « ceci est la preuve que ») sont parfaitement sensés.

19 La meilleure suite logique est C, B, et ceci est illustré par le fait que A.

Les complexes octaédriques caractérisés par des configurations électroniques en d^6 à bas spin sont inertes vis-à-vis de toute substitution par des ligands. De nombreux complexes du Co(III) sont octaédriques et sont caractérisés par des configurations électroniques en d^6 à bas spin. Ceci est illustré par le fait que de nombreux complexes du Co(III) sont inertes vis-à-vis de toute substitution.

Le choix de B en guise de conclusion (« A, C, et dès lors B », ou « C, A, et dès lors B ») implique la supposition non justifiée que C constitue la *seule* raison de l'inertie vis-à-vis de la substitution par des ligands.

Les observations A et B réunies apportent des arguments en faveur de C, de sorte qu'on peut soutenir que « A, B, et ceci aboutit à l'hypothèse que C » est parfaitement logique. Cependant, comme c'était le cas dans l'exercice 11, il semble qu'un nombre plus élevé d'exemples serait indispensable avant de pouvoir formuler raisonnablement une telle hypothèse.

Dans la suite logique faisant office de réponse, apparaît la phrase de connexion « et ceci est illustré par le fait que ». L'emploi de « et dès lors » eût été tout aussi logique du point de vue verbal. Néanmoins, comme dans d'autres exemples, l'emploi d'un « et dès lors » implique que l'observation A puisse être réellement *prédite* à partir de C et B, et embrouille la logique scientifique selon laquelle A est l'une des observations à partir de laquelle la généralisation C a pu être dégagée. Une phrase de connexion du type « ceci explique pourquoi » est à rejeter, pour la simple raison que B et C n'apportent pas véritablement d'explications.

21 La meilleure suite logique est A, C, et dès lors B.

Les esters aliphatiques saturés absorbent dans la région infrarouge aux alentours de 1740 cm^{-1}. Le composé X est un ester aliphatique saturé. Dès lors, le composé X absorbe un rayonnement infrarouge vers 1740 cm^{-1}.

La séquence « A, B, et dès lors C » est un exemple de fausse logique semblable à celui de l'exercice 9 ; les esters aliphatiques saturés ne sont pas les seuls composés qui présentent une bande d'absorption aux alentours de 1740 cm^{-1}. Par contre, la même objection ne s'applique pas à la séquence « B, A, et il est dès lors probable que C », vu que cette phrase de connexion implique que C est une interprétation qui devrait être confirmée par l'une ou l'autre observation.

Il semble enfin qu'il serait bien peu raisonnable de tirer la conclusion A à partir des observations B et C, qui ont trait à un seul composé. En revanche, la conclusion B émerge tout à fait logiquement si les assertions C et A sont toutes deux correctes.

23 La meilleure suite logique est C, A, et ceci suggère que B.

L'hybridation en sp^3 donne naissance à des molécules tétraédriques. $SiCl_4$ est une molécule tétraédrique. Ceci suggère que $SiCl_4$ est une molécule hybridée en sp^3.

Il semble que cette séquence exige l'emploi d'une phrase de connexion du type « ceci suggère que » plutôt qu'un simple « dès lors », étant donné que cette dernière expression impliquerait que le seul facteur possible pour rendre les molécules tétraédriques est l'hybridation sp^3.

« C, B, et dès lors A » ou « B, C, et dès lors A » sont des argumentations logiques. La seule objection vis-à-vis de ces choix est que l'emploi de B pour conclure A implique que la preuve de B puisse être obtenue indépendamment de A. Il est vrai que, si aucune autre information n'était disponible, des considérations théoriques auraient permis d'aboutir à la prédiction que $SiCl_4$ devrait être hybridé en sp^3 et, dès lors, devrait être tétraédrique. Il semble que les séquences « C, B, et dès lors A » ou « B, C, et dès lors A » ne peuvent être vraiment justifiées que si l'assertion B était réécrite sous la forme « la théorie suggère qu'il est fort probable que $SiCl_4$ soit hybridé en sp^3 ».

Quant à faire passer C pour une conclusion, il faut s'y opposer car il s'agirait là d'un autre exemple où une généralisation est formulée sur base d'une observation isolée.

25 La meilleure suite logique est A, C, et dès lors B.

Seuls les composés présentant une distribution asymétrique de leurs électrons sont caractérisés par un moment dipolaire. $Ge(CH_3)_4$ présente une symétrie parfaite. Dès lors, $Ge(CH_3)_4$ n'a pas de moment dipolaire.

La séquence qui est proposée en guise de réponse a été choisie sur base d'une prise en compte précise de la notion de symétrie. Considérées conjointement, les phrases A et B ne peuvent mener à la conclusion que $Ge(CH_3)_4$ présente une symétrie parfaite, puisque la règle citée en A exclut les molécules à symétrie tant centrée que sphérique de celles qui présentent un moment dipolaire. Une telle objection ne peut être formulée dans le cas de la séquence « A, C, et dès lors B ».

27 **La meilleure suite logique est B, C, et ceci explique pourquoi A.**

BF_3 possède six électrons de valence. L'ammoniac est une base de Lewis. Ceci explique pourquoi BF_3 forme aisément un adduit avec l'ammoniac.

Il semble que la séquence choisie l'emporte de très peu sur la variante « C, B, et ceci explique pourquoi A ». Quoi qu'il en soit, les règles de ce type d'exercice précisaient bien qu'il faut choisir *une* suite logique, en l'occurrence celle qui paraît la meilleure. L'intérêt de la phrase finale tient au fait qu'il y est question d'une réaction ayant trait à BF_3 plutôt qu'à l'ammoniac. C'est pourquoi, il est préférable de débuter l'argumentation par une assertion concernant BF_3.

Dans le cas présent (et au contraire de l'exercice 19), la phrase de connexion « ceci explique pourquoi » peut être considérée comme parfaitement valable. Les assertions C et B reposent toutes deux sur des concepts théoriques issus d'observations expérimentales qui, lorsqu'ils sont correctement compris, permettent de concevoir une explication valable pour A.

La séquence « B, A, et dès lors C » est défendable en toute logique. Elle repose sur un concept élémentaire de valence (B), de même que sur une constatation vérifiée expérimentalement (A), pour enfin prédire un fait caractéristique (C). Néanmoins, il est manifeste que la conclusion C paraît si bien établie qu'elle ne doit pas en fait être déduite de B ni de A.

29 **La meilleure suite logique est B, C, et ceci illustre que A.**

Les rayons ioniques de Na^+ et de K^+ valent respectivement 0,102 et 0,138 nm. Les sels potassiques d'anions volumineux sont en général moins solubles dans l'eau que les sels sodiques correspondants. Ceci illustre que les sels qui contiennent des anions et des cations dont les rayons sont très différents sont généralement plus solubles dans l'eau que les sels constitués d'ions de rayons similaires.

La bonne phrase de conclusion doit être choisie entre A et C ; les valeurs précises des rayons ioniques données en B ne peuvent pas servir de conclusion pour les informations A et C, encore qu'un texte présenté dans le style « A, C, et ceci est compatible avec le fait que B » soit défendable.

Il semble plutôt que B (qui est une observation très précise au sujet des ions sodium et potassium), conjointement avec C (une assertion plutôt générale concernant les sels sodiques et potassiques), constitue une illustration de A ; B et C ne *démontrent* pas que A est vrai, d'où le choix de la phrase de connexion présentée à la place d'un simple « et dès lors ».

Les séquences « A, B, et dès lors C » ou « B, A, et dès lors C » sont, selon toute logique, correctes. Toutefois, d'un point de vue historique, C a contribué à faire émerger la généralisation A. Dans pareil cas, il paraît évident qu'une phrase de connexion telle que « ceci explique pourquoi » ne se justifie pas, vu que A est présenté comme une observation empirique et pas du tout comme une explication de cause à effet.

On aura remarqué que, quelle que soit la séquence adoptée, il existe une supposition sous-jacente, à savoir en l'occurrence que les anions volumineux ont des rayons supérieurs à celui du potassium ; ceci est, sans aucun doute, une supposition qui semble très facile à accepter.

31 **La meilleure suite logique est B, C, et dès lors A.**

La réaction $3H_2 + N_2 \rightleftharpoons 2NH_3$ *est exothermique, de sorte que le principe de Le Chatelier indique que la production d'ammoniac sera favorisée aux plus basses températures. À la température ordinaire, la vitesse de la réaction de l'azote avec l'hydrogène est trop lente pour être applicable à l'échelle industrielle. Dès lors, selon le procédé Haber, l'ammoniac est synthétisé à partir d'azote et d'hydrogène à une température se situant dans la fourchette de 400 à 500 °C.*

Ces trois phrases peuvent être assemblées selon diverses séquences logiques différentes. Le choix entre ces possibilités (et, de ce fait, le choix des mots de connexion) dépend du contexte dans lequel on se positionne.

La séquence présentée semble préférable parce qu'elle reflète certains aspects historiques concernant cette importante réaction chimique. « B, A (ou A, B), et ceci parce que C » serait une manière parfaitement logique d'expliquer l'observation A à quelqu'un qui est au courant des aspects thermodynamiques de cette réaction (B), mais qui ne songe pas à l'importance de la cinétique.

Les mots de connexion « ceci explique pourquoi » seraient plus judicieux que le « dès lors », étant donné que C indique simplement que le procédé industriel doit être exécuté à une température supérieure à la température ordinaire et ne permet pas de tirer de conclusion au sujet du compromis qui doit être trouvé à propos de la température.

33 **La meilleure suite logique est A, C, et dès lors B.**

La plupart des molécules qui sont pourvues de plusieurs doubles liaisons conjuguées présentent une coloration. L'énergie d'un photon provenant de la région visible du spectre se situe entre 2×10^{-19} *et* 5×10^{-19} *joules. Dès lors, l'énergie nécessaire pour exciter un électron dans les molécules pourvues de doubles liaisons conjuguées se situe le plus souvent entre* 2×10^{-19} *et* 5×10^{-19} *joules.*

Manifestement, il est difficile de choisir entre la séquence proposée et « C, A, et dès lors B » ; les deux séquences connectent une simple observation (A) à un concept physique bien connu (C), pour en tirer une conclusion (B). Des séquences telles que « B, C, et ceci explique pourquoi A » ou « C, B, et ceci explique pourquoi A » sont défendables sur base des critères qui ont été avancés dans certains exercices précédents. Mais dans le cas présent, il n'y a vraiment aucune raison de choisir la forme la plus complexe d'une argumentation qui exige l'emploi d'une *phrase* de connexion (« ceci explique pourquoi ») plutôt qu'un simple « dès lors ».

C ne peut pas servir de conclusion, parce que c'est B qui doit dépendre de l'information C et non l'inverse.

35 **La meilleure suite logique est C, B, et dès lors A.**

Dans un feuillet bidimensionnel de graphite, chaque atome de carbone est lié de manière coplanaire à trois autres (longueur des liaisons : 0,140 nm), tandis que dans le diamant, les atomes de carbone sont disposés de manière tétraédrique et la longueur des liaisons y atteint 0,154 nm. Le graphite est constitué de feuillets bidimensionnels d'atomes de carbone, séparés par une distance d'environ 0,335 nm. Dès lors, la masse volumique du graphite est inférieure à celle du diamant.

Il y a, dans cette argumentation, une supposition sous-jacente : l'empilement serré des atomes est l'un des facteurs dont dépend une masse volumique élevée, de sorte que, lorsque deux variétés allotropiques sont comparées, celle dans laquelle les atomes sont agencés de la manière la plus compacte sera la plus dense. On supposera également qu'intuitivement il est tout à fait clair que, d'après les longueurs des liaisons mentionnées, les atomes de carbone sont plus étroitement empilés dans le diamant que dans le graphite.

Il semble que « C, B, et dès lors A » soit une séquence un peu plus logique que « B, C, et dès lors A », vu que C introduit la comparaison entre les deux variétés allotropiques et que ceci aboutit à la conclusion via un simple élément d'information supplémentaire (B).

Il serait enfin tout à fait raisonnable de préférer une phrase de connexion plus complexe du type « et ceci explique pourquoi » plutôt que le simple « et dès lors ».

37 **La meilleure suite logique est A, C, et dès lors B.**

H_3AsO_4 réagit avec une solution aqueuse d'iodure et il se forme, selon un processus équilibré, du $HAsO_2$ et de l'iode. Le chlorure d'étain(II) réduit l'iode en iodure. Dès lors, lorsqu'on ajoute du chlorure d'étain(II) en excès à du H_3AsO_4 en présence d'iodure, la totalité du H_3AsO_4 est transformée en $HAsO_2$.

Dans le cas présent, il est évident que l'argumentation doit avoir pour point de départ l'information principale (A).

C n'est en aucun cas la suite logique des deux observations décrites en A et B ; si on se base sur les informations données, on pourrait tout aussi bien conclure (par exemple) que le chlorure d'étain(II) transforme directement H_3AsO_4 en $HAsO_2$. Tout au plus, on pourrait considérer que C est une explication *plausible* des deux observations A et B et, si on voulait en faire une conclusion, il serait alors indispensable d'accepter certaines suppositions au sujet du contexte chimique dans lequel ces réactions se situent.

Une telle objection est évitée dans la séquence qui est proposée en guise de réponse, puisque si on dispose de l'information C, l'observation B est inéluctable.

39 **La meilleure suite logique est A, B, et dès lors C ou B, A, et dès lors C.**

L'enthalpie de formation de $C_8H_{18}(g)$ est égale à -169 kJ mol^{-1}. L'enthalpie de formation de $H_2O(g)$ est égale à -242 kJ mol^{-1} et celle de $CO(g)$ vaut -111 kJ mol^{-1}. Dès lors, la valeur du $\Delta H^\ominus$ relatif à l'obtention d'octane (C_8H_{18}) à partir de H_2 et de CO gazeux est de -1217 kJ mol^{-1}.

Aucun critère ne permet de décider laquelle des phrases A ou B doit servir d'amorce à l'argumentation. C'est par pure intuition chimique et non sur base d'un raisonnement logique que C a été choisi en guise de conclusion. Selon la pure logique, quelles que soient les deux observations choisies parmi les trois (A, B, C), la troisième emerge forcément d'elle-même.

L'intuition chimique mène à penser que les enthalpies de formation de nombreuses molécules (même celles de molécules assez complexes comme C_8H_{18}) sont faciles à retrouver dans des tables de thermodynamique. C_8H_{18} peut être obtenu à l'état pur et donc son enthalpie d'oxydation (N.d.tr. : il s'agit très exactement de son enthalpie de combustion) peut être mesurée. De la sorte, il est possible de déterminer la valeur de son enthalpie de formation.

Par contre, il paraît difficile d'imaginer comment il serait possible de déterminer C directement, vu que la réaction de CO avec H_2 est susceptible de donner lieu à la formation de divers produits.

Il s'ensuit que C est la conclusion la plus appropriée.

3 LIRE DE MANIÈRE CRITIQUE

3 Toutes les réponses, hormis F, sont plausibles et ont été postulées. Comme c'est le cas pour de nombreux tests chimiques classiques et apparemment simples, le mécanisme réactionnel est souvent complexe et mal compris.

5 a) **Les meilleurs choix sont A, C et D.**

On aura remarqué que la question était « lesquelles, parmi les assertions suivantes ».

L'assertion A fait allusion à la supposition selon laquelle « une molécule qui est située à la surface dudit liquide ressent une attraction effective de la part des autres molécules vers l'intérieur de celui-ci ».

L'assertion C fait allusion à la supposition selon laquelle « la tension superficielle d'un liquide peut être modifiée par certaines substances qui y seraient dissoutes ».

L'assertion D fait allusion à la supposition sous-jacente au troisième paragraphe. Si les molécules d'eau étaient capables d'interagir plus fortement avec l'épingle, elles mouilleraient celle-ci, de sorte qu'elle ne pourrait pas flotter. Une épingle, étant donné qu'elle est longue et effilée, présente une surface de contact relativement grande par rapport à son volume et c'est ce qui permet aux forces dues à la tension superficielle de surmonter celles de la gravité.

Les assertions B et E sont toutes deux exactes. Quoi qu'il en soit, dans l'optique d'une parfaite compréhension de ce texte, il n'est pas du tout nécessaire de connaître les unités de la tension superficielle ni de savoir par quelle méthode on la mesure.

L'information F est, bien entendu, absolument vraie !

b) Étant donné que de nombreux livres traitent de l'art d'écrire des textes scientifiques, les conseils qui sont présentés ici ne pourront évidemment qu'être rudimentaires.

Deux points essentiels doivent être gardés à l'esprit lorsqu'on s'avise d'écrire un texte destiné à un lecteur qui n'est pas un scientifique. Ledit texte doit être intéressant et compréhensible. Il doit susciter de l'intérêt parce que le lecteur peut ne rien connaître du sujet abordé ; il faut absolument l'inciter à lire, ce qui ne sera possible que si le sujet est présenté de manière motivante.

On se doit de songer sans cesse au type de public auquel le texte à concevoir est censé s'adresser. Il peut s'agir d'un camarade d'études, d'un ami ou encore d'un parent. Comment s'y prendre pour le captiver, donner de l'intérêt à sa lecture et ce, précisément, en fonction du niveau supposé de ses connaissances, voilà tout le problème ! Il faudra en outre identifier les concepts scientifiques majeurs qu'on voudra tenter de faire comprendre ainsi que les termes trop spécialisés qu'il faudra éviter (ou bien expliquer). Une attention toute particulière devra être accordée aux mots qui, s'ils sont d'usage courant, véhiculent toutefois des significations très particulières en chimie (comme, par exemple, l'adjectif « organique »). Des mots relevant de l'argot du métier seront également bannis.

Il ne sera sans doute pas surprenant de constater la nécessité absolue de réécrire certains passages, peut-être même plus d'une fois, avant d'estimer que le texte est valable. Le meilleur test de validité consiste à demander à un ami qui n'est pas un scientifique de le lire et de donner franchement son avis :

Est-il intéressant ? Est-il parfaitement compréhensible ?

En ce qui concerne l'exemple ici présenté, une approche telle que celle-ci pourrait être proposée en vue de susciter de l'intérêt auprès du lecteur :

Avez-vous jamais tenté de faire flotter un petit morceau d'acier sur de l'eau ? S'il a la taille d'une épingle, vous y parviendrez — sauf si vous aviez mis du savon dans cette eau, auquel cas cette épingle coulera sûrement. Comment pourrait-on expliquer ce phénomène ?

Le message scientifique qu'il faut faire passer a trait aux interactions entre des molécules. Pour un chimiste, il semble naturel que la notion de

« molécule » soit clairement percue par tous, alors qu'en réalité le grand public n'a qu'une notion très vague de ce qu'est réellement une molécule et comprend encore moins que ces molécules « interagissent », « se lient » ou « sont attirées » par d'autres molécules. A fortiori, un lecteur non averti n'imagine pas que des molécules d'eau interagissent plus fortement entre elles qu'avec les molécules de l'air.

Il faudra enfin expliquer ce qui change lorsqu'on ajoute du savon à de l'eau.

7 **a) Le meilleur choix est A.**

Il est fort probable que vous soyez d'accord avec plus d'une assertion parmi celles qui vous sont présentées (et peut-être même avec toutes). Le choix de celle avec laquelle vous « êtes le plus d'accord » dépend dès lors de la façon dont vous concevez les choses. Quoi qu'il en soit, plusieurs opinions sont défendables. Il semble cependant que A apporte la meilleure réponse.

L'assertion A est une constatation très importante qu'il faut garder à l'esprit quand on analyse des résultats statistiques, et celle-ci n'apparaît pas explicitement dans le passage repris. Les statistiques peuvent fournir des informations quant au nombre de personnes qui, alors qu'elles fument, sont également en mauvais état de santé. Ceci peut être interprété en termes de risques encourus par les fumeurs. Mais les statistiques sont incapables de dire si oui ou non tel fumeur est l'un de ceux dont la santé est détériorée. De ce fait, il ne vous est pas possible de savoir si le fait de fumer pourrait nuire à *votre* santé (même en faisant appel aux statistiques).

Il serait fâcheux de considérer B comme étant l'assertion la plus défendable. Un tel choix traduirait un manque total de compréhension de ce que sont les statistiques et les risques. Il indiquerait également une incapacité de tirer profit des éléments d'une argumentation.

L'assertion C est exacte. Cependant, il est probable que Dawkins se serve de l'exemple du tabagisme pour illustrer qu'une bonne connaissance des statistiques est souvent importante dans le monde d'aujourd'hui. Il s'agit là d'une argumentation fort condensée, suivie d'un gigantesque saut vers la conclusion et, manifestement, d'autres commentaires (tels que A) s'avèrent bien plus utiles dans cet extrait.

E est une assertion valable pour ceux qui sont d'accord avec la dernière phrase de Dawkins. Néanmoins, cette suggestion n'est certainement pas le commentaire le plus judicieux de cet extrait.

D et G sont des points de vue opposés, qui traduisent un certain scepticisme : le fait qu'il y ait davantage de statisticiens ou de statistiques soit n'apporterait aucune différence, soit pourrait rendre les résultats pires encore. Ces points de vue sont tous deux défendables, ce qui revient à estimer qu'ils n'apportent aucune contribution au débat en question.

En ce qui concerne F, il y a au contraire de nombreux indices qui incitent à penser que fumer est préjudiciable pour la santé. Quant à savoir si vous êtes prêts à assimiler ces indices à des « preuves », cela dépend des types de preuves que vous exigez, ou encore si vous estimez que des preuves puissent être validées dans des domaines autres qu'en mathématique ou en logique pure.

b) Se reporter aux commentaires de l'exercice 5.

9 **a) Le meilleur choix est D (plutôt que C pour les raisons données ci-après)**

L'assertion A est un excellent exemple de conclusion imprécise qui induit une réponse du type « cela dépend ». Ce passage signale qu'une « quantité donnée » (sans qu'il y soit précisé s'il s'agit d'une masse ou d'un nombre de moles) de méthane donne lieu à un effet de serre plus important que le dioxyde de carbone. Il ne s'ensuit donc pas qu'il faille prêter une attention plus importante au méthane (voir C et D ci-après).

L'assertion B semble être une conclusion assez peu raisonnable pour ces informations, sauf s'il s'avère que la contribution des charbonnages, des pipelines de gaz naturel et des sites d'enfouissement des déchets est vraiment négligeable en ce qui concerne la production de méthane par rapport à celui qui résulte des activités de la population terrestre. Si on estime que l'erreur globale est de 20 % et si la valeur estimée pour le principal facteur responsable est assez précise, il s'ensuit alors que l'incertitude liée aux facteurs inconnus sera *supérieure à 20 %*.

L'assertion C est exacte. Cependant, il est certain que les scientifiques concernés par ce problème sont conscients du fait que les émissions tant de méthane que d'oxyde nitreux ne cessent de croître. Par ailleurs, ces spécialistes sont persuadés que ces substances sont déja grandement responsables de l'effet de serre. Dans le cas présent, il est clair que l'absence d'informations suffisantes dans le passage présenté est dommage (lesdites informations n'apparaissent d'ailleurs pas dans le reste de l'article), et c'est pourquoi, devant le seul choix qui soit acceptable, la réponse D est préférable.

L'assertion D fait l'office d'un jugement (voir C ci-avant). Il appert manifestement que de telles mesures valent la peine d'être imposées, car il est préférable d'engager des actions peut-être non nécessaires actuellement plutôt que d'attendre jusqu'à ce qu'il devienne absolument nécessaire (et prospectivement parlant, il en sera bien ainsi) de les imposer.

E pourrait très bien faire partie de l'action proposée en D, mais il est difficile de concevoir que cette proposition puisse être choisie isolément pour solutionner le problème précis posé ici.

b) Se reporter aux commentaires de l'exercice 5.

11 **Le meilleur choix est C.**

Dans de nombreux livres destinés aux étudiants du second cycle universitaire, on traite HF comme étant un ensemble polymérique de molécules reliées par de solides ponts hydrogène et ceci a abouti à répandre largement l'idée que le fluor est un bon accepteur de liaisons hydrogène. Par analogie avec l'azote et l'oxygène et en raison du fait qu'il est connu qu'un bon atome accepteur doit être petit et fortement électronégatif, ce point de vue est encore mieux accepté. En général, c'est d'ailleurs vrai. Mais ici, il y a un prérequis : il faut savoir que le fluor ne peut *pas* être un bon accepteur pour comprendre l'assertion cruciale disant que le 2,4-difluorotoluène « est incapable de former de solides liaisons hydrogènes ». C explique ceci clairement et avec concision.

A n'est pas vrai lorsqu'il s'agit du fluor fixé sur un cycle aromatique (voir C).

B est une fausse argumentation : dans le schéma bidimensionnel présenté, cela peut paraître plausible, mais au sein d'une double hélice d'ADN toute rotation ou basculement du cycle est impossible.

En ce qui concerne D, la thymine possède un ensemble aromatique de six électrons, de sorte qu'il s'agit d'une molécule hétéroaromatique. Les cycles hétéroaromatiques sont le plus souvent considérés comme étant de bons analogues des systèmes aromatiques. Dans le cas présent, l'impératif est d'avoir deux molécules de forme et de gabarit similaires, ce qui est bien le cas ici.

13 **a) Le meilleur choix est B.**

Les paragraphes liminaires d'un article scientifique contiennent souvent un résumé de l'état actuel des connaissances dans le domaine visé et ce, en vue d'expliquer et de justifier le travail dont la description suit. Ici, les auteurs esquissent les problèmes qui sont couramment rencontrés lors du dosage de l'acide ascorbique dans la bière, de manière à présenter dans ce contexte une méthode censée être meilleure qu'ils décrivent ensuite dans leur article.

En ce qui concerne la phrase A, même si vous êtes d'accord avec ce point de vue, rien ne justifie le choix de cette option car il n'y a aucune raison de croire que les auteurs veulent faire passer ce message.

Les phrases C, D et E sont présentées dans cet extrait comme étant des assertions réelles. Envisagées conjointement, elles justifient l'assertion B. Mais aucune d'elles ne peut être raisonnablement considérée comme représentant un résumé du message que veulent transmettre les auteurs.

b) Se reporter aux commentaires de l'exercice 5.

15 **Le meilleur choix est C.**

Certaines informations apparaissant dans ce texte sont en faveur des phrases A, B et D, mais il semble malgré tout que l'auteur a considéré qu'aucune de celles-ci ne démontre de manière probante qu'une voie réactionnelle est privilégiée par rapport à l'autre.

Le morceau de phrase « Des expériences réalisées sur des molécules apparentées » est en faveur de la voie b, alors que la phrase « l'attaque directe en position 2 aboutit à un cycle à 6 pièces (*6-endo-trig*), ce qui est plus favorable » fait plutôt penser que la voie a est la plus plausible.

La possibilité d'un mécanisme impliquant simultanément les deux voies réactionnelles est suggérée par « il est bien connu que l'attaque électrophile de l'indole en position 2 est toujours *en compétition* avec l'attaque en position 3 ».

Il n'y a, par contre, aucune raison de supposer que les auteurs croient en E.

17 Il est très souvent demandé à des scientifiques de prendre des décisions tranchées ou de donner des avis autorisés alors qu'ils ne disposent pas de toutes les informations utiles. Cet extrait en donne un exemple. Les réponses que vous donnerez à ces questions dépendront du point de vue que vous adopterez quant à la nature des diverses preuves.

a) Vous devez examiner comment vous pourriez obtenir la preuve irréfutable que le virus infecte les lapins et aucune autre espèce. Ceci constitue un critère exigeant, même si vous interprétez « aucune autre espèce » comme voulant dire « aucune autre espèce de mammifère vivant en Australie ». Dans ce cas, vous devez vous demander comment vous pourriez décider si de telles méthodes biologiques mises à profit pour éradiquer les animaux nuisibles sont toujours vraiment exemptes de tout danger.

b) Vous devez examiner ce que vous entendez par « preuve irréfutable » que les espèces soumises aux essais n'ont pas été atteintes. Vous estimez sans doute qu'il vous est impossible d'émettre une opinion valable sans disposer d'informations plus précises au sujet, par exemple, du nombre d'animaux de chaque espèce qui ont été exposés au virus, des modalités et du moment où le contact a eu lieu entre le virus et ces espèces, ainsi que de la durée de la période d'incubation.

c) Vous devez examiner si le fait d'avoir réalisé « l'étude la plus étendue » peut être raisonnablement considéré comme étant « la garantie formelle que ledit virus n'infecte qu'une seule espèce ». Si vous estimez que ces deux déclarations ne sont pas compatibles, vous devrez alors reconsidérer ce que vous entendez par « preuve irréfutable » [voir en (a)].

d) Se reporter aux commentaires de l'exercice 5.

19 D'après le modèle de Stryer, le facteur le plus important qui limite l'hydrosolubilité des molécules non polaires (comme l'hexane) est le terme entropique défavorable occasionné par l'agencement organisé des molécules d'eau.

Le second modèle suggère que c'est plutôt un terme enthalpique défavorable qui constitue le facteur le plus important.

Les contributions relatives de l'enthalpie et de l'entropie dans un processus donné peuvent être évaluées à partir de l'influence de la température sur la constante d'équilibre dudit processus.

$$\Delta G^{\ominus} = -RT \ln K$$

$$\Delta G^{\ominus} = \Delta H^{\ominus} - T\Delta S^{\ominus}$$

Dans le cas présent, la constante d'équilibre du processus envisagé a trait à la solubilité de molécules non polaires, ce qui est représenté par l'énergie libre du transfert de molécules non polaires à partir du composé pur vers l'eau.

Qualitativement, il est prévisible que si le terme entropique est défavorable ($\Delta S^{\ominus}$ est négatif), il s'en suivra alors que $\Delta G^{\ominus}$ sera plus positif (ou moins négatif) lorsque la température est augmentée. Ceci reviendrait à dire que la solubilité *diminuerait* lorsque la température augmente. Et c'est une situation de ce type que l'on observe dans le cas des molécules non polaires.

On peut exécuter une expérience quantitative, qui viserait à déterminer $\Delta H^{\ominus}$ et $\Delta S^{\ominus}$ relatifs au transfert dans l'eau de deux alcools faiblement solubles (le pentanol et le butanol) ; la différence observée est attribuable à un seul groupe $-CH_2-$ présent en plus dans le pentanol. Ladite expérience indique que le terme enthalpique est pratiquement nul, tandis que le terme entropique est défavorable.

Ainsi donc, comme on pouvait s'y attendre, le modèle décrit dans le livre de Stryer est corroboré par une preuve évidente. Quoi qu'il en soit, il est intéressant de remarquer qu'on trouve couramment dans les traités des assertions non justifiées, de sorte que la recherche des preuves qui peuvent les étayer est un défi tout à fait bénéfique pour le lecteur.

21 **a)** S'il y a production de HCN, cela signifie manifestement que l'oxydation a été incomplète. On assiste à de telles situations lorsque la température n'est pas suffisamment élevée (ou lorsque l'oxygène n'est pas présent en suffisance).

b) **1.** La température d'un feu ouvert n'est pas suffisamment élevée pour assurer une combustion complète. S'il est bien vrai que la plupart des produits de combustion sont évacués par la cheminée, il subsiste néanmoins un risque de reflux d'une partie de ceux-ci vers le living.

2. La combustion sera, à nouveau, incomplète, mais il y aura moins de risque d'assister à un reflux des produits de combustion dans la pièce.

3. Les températures élevées atteintes dans les chaudières, de même que la présence d'appareils de post-combustion, font en sorte que la combustion est complète. Bien que ce point ne ressorte pas clairement de la lecture du texte, manifestement l'intention de l'auteur est de laisser entendre que les « combustibles solides pour certaines chaudières » sont destinés à des chaudières industrielles fonctionnant à des températures élevées.

(c) Se reporter aux commentaires de l'exercice 5.

23 a) **1.** Il vous est possible de faire un calcul sommaire en vue d'avoir une idée de la vitesse avec laquelle un arbre est capable d'évacuer le formaldéhyde de l'atmosphère.

La vitesse maximale d'absorption est mentionnée comme étant égale à 137×10^{-9} g dm^{-2} h^{-1} ppb^{-1} ; une autre caractéristique attendue (et ceci est confirmé par les données apparaissant dans l'article) est le fait que ladite vitesse augmente linéairement en fonction de la concentration atmosphérique en formaldéhyde.

Imaginez un énorme arbre (dont le rayon atteint 5 m et qui recouvre une superficie de 75 m^2). Les feuilles présentent deux faces et leur chevauchement signifie que leur surface en contact avec l'atmosphère est supérieure à l'aire de l'étage sommital. On peut raisonnablement estimer que la surface des feuilles d'un tel arbre est de l'ordre de 500 m^2.

Un arbre de ce gabarit sera capable d'évacuer environ 70×10^{-6} g h^{-1} ppb^{-1}. Sachant que « ppb » représente un rapport molaire, 1 ppb correspond à 10^{-9} mol dans 22,4 l, soit à peu près 10^{-6} g dans 1 m^3 d'air.

En une heure, cet arbre aura pu épurer 70 m^3 d'air de tout son contenu en formaldéhyde. Cette estimation n'est pas faussée par des modifications de la concentration en formaldéhyde puisque la vitesse d'absorption augmente linéairement en fonction de ladite concentration.

Si la hauteur de l'arbre atteint 50 m, il occupera un volume de l'ordre de 700 m^3.

Il faudra compter pratiquement 10 heures pour que cet arbre épure l'atmosphère autour de lui.

Ce calcul repose sur la vitesse maximale qu'atteint le peuplier de Lombardie, mais il est improbable que cette vitesse puisse être maintenue tout au cours de la journée, étant donné qu'elle dépend de l'intensité lumineuse (ce qui transparaît dans la spécification de l'intensité lumineuse pour laquelle les vitesses ont été mesurées).

Ces vitesses sont-elles réellement efficaces ?

2. À une concentration en formaldéhyde atteignant 2000 ppb, les arbres sont censés absorber cette substance à une vitesse environ 40 fois supérieure à celle qui correspond aux concentrations atmosphériques les plus élevées (50 ppb). Ainsi donc, le laps de temps expérimental de 8 heures équivaut à (au moins) deux semaines d'exposition à des concentrations raisonnables. En outre, si les arbres ne sont pas endommagés lorsqu'ils absorbent le formaldéhyde à cette vitesse élevée, on peut soutenir qu'ils seront capables de faire face à des vitesses d'absorption plus faibles et ce, durant des périodes relativement prolongées.

b) Dans ce texte, il y a de nombreux termes qui sont susceptibles de ne pas être parfaitement compris par les chimistes (par exemple, vitesse de transpiration, stomates, métabolisation rapide...). On se doit de faire remarquer que les calculs sommaires ne dépendent pas du tout de la signification de ces termes. Il est utile de réaliser que le message que veut faire passer un rapport technique peut bien souvent être parfaitement saisi même si divers termes employés nous sont peu familiers.

25 a) La ligne des auteurs est dérivée du facteur de conversion issu des mesures effectuées sur les échantillons d'étalonnage ; c'est pourquoi elle passe par l'origine et est caractérisée par une pente égale à 1.

b) **Le meilleur choix est C.**

Le fait de pouvoir estimer si les données en provenance des mesures confirment la validité ou non du facteur de conversion dépend fortement des deux points situés aux alentours de 80 unités. Manifestement, la réponse serait plus convaincante si on disposait de plus de points situés dans la zone des 30-60 unités ou, si peu d'échantillons réels correspondent à cette fourchette, de plus de valeurs élevées.

La conclusion B ne semble pas très heureuse, tout simplement parce que d'un point de vue philosophique il n'est pas possible de *prouver* que le facteur de conversion est valable pour tous les échantillons. Cette conclusion eût été plus acceptable si elle commençait par « Les données présentées dans le graphique *sont compatibles avec la croyance que...* ». Quoi qu'il en soit, ceci ne traite pas réellement du problème du positionnement de la plupart des données à l'extrémité inférieure de l'echelle.

La conclusion D pourrait être exacte (en ce sens qu'il pourrait s'agir là d'une meilleure représentation d'une « droite bien ajustée »), mais ceci n'est pas très utile. Le fait de dessiner une nouvelle ligne équivaut à recalculer le facteur de conversion pour la nouvelle méthode NIR. Il semble qu'il n'y ait aucun avantage à procéder de la sorte seulement pour les données relatives aux échantillons. S'il y avait une raison de recalculer le facteur de conversion, il serait plus raisonnable de tenir compte de toutes les données disponibles (étalons et échantillons testés).

La conclusion A est manifestement une critique superflue. Il est certainement vrai que la dispersion des points démontre qu'au moins une des deux méthodes (et plus probablement les deux) manque(nt) de précision. Une telle situation est tout à fait courante lorsqu'on tente d'analyser des produits aussi complexes. Quant à savoir si l'une de ces méthodes, voire les deux, est (sont) utile(s) en pratique, cela dépend du degré de précision qui est exigé pour que la mesure soit valable.

27 **Le meilleur choix est C.**

Les interprétations A et B sont à rejeter, malgré que les deux propositions pourraient de fait justifier une courbe d'un tel aspect. Cependant, n'importe quel expérimentateur averti s'arrangerait pour éviter de telles situations. En outre, ce graphique provient d'un article qui a été publié dans une revue réputée. Il s'ensuit qu'il n'a été accepté pour publication qu'après qu'au moins deux lecteurs critiques indépendants se soient bien assurés de ce que les données ne sont pas entachées d'une quelconque insuffisance au niveau instrumental.

L'interprétation D est exacte, mais celle-ci n'explique pas pourquoi la fluorescence est modifiée par le pH.

C'est l'explication C qui est la plus plausible. Certes, aucun détail n'est donné quant à la nature de l'interaction des ions zinc avec la tyrosine. Mais il est très possible que cette interaction dépende de l'état d'ionisation de la tyrosine (cette ionisation étant par ailleurs dépendante du pH), avec la nécessité, par exemple, d'avoir le groupe amino positivement chargé et/ou l'hydroxyle phénolique non ionisé.

La structure de la tyrosine est présentée ci-dessous.

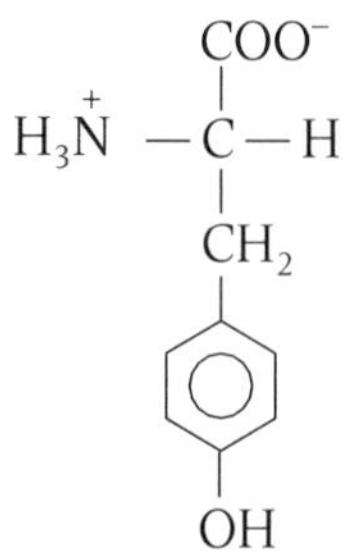

29 **a)** **1.** Après sept intervalles de temps au cours desquels la masse de bactéries double (140 minutes), on constatera que l'augmentation massique atteindra 128 µg.

2. La réponse en 1 indique que la masse de bactéries augmente d'un facteur d'au moins 10^2 en 140 minutes. Il y a 10 périodes de 140 minutes dans 24 heures. De ce fait, à cette cadence de multiplication, la masse des bactéries augmentera d'un facteur 10^{20} au cours de 24 heures. Ceci signifie que de 1 µg, la masse bactérienne sera passée à 100 millions de tonnes !

3. La croissance de bactéries requiert de la chaleur et des nutriments, ainsi qu'un environnement dans lequel leurs propres déchets ne sont pas susceptibles de s'accumuler jusqu'à des concentrations inacceptables.

b) **1.** La population de notre planète est de l'ordre de 6×10^9. Un adulte a besoin d'environ 40 g de protéines par jour, de sorte que l'exigence quotidienne totale s'élève à environ 240×10^9 g.

La masse de protéines que contiennent les bactéries est de l'ordre de 15 %, ce qui signifie qu'il faut fournir près de $1{,}5 \times 10^6$ tonnes par jour. La réponse en (a) 2 peut vous faire penser qu'il serait très aisé de produire une telle quantité de protéines grâce aux bactéries, puisque celles-ci doublent leur masse toutes les 20 minutes dans un lac peu profond. Une telle multiplication bactérienne toutes les 20 minutes est-elle supportable ? Si c'était bien le cas, y aurait-il des problèmes de récolte ?

La superficie d'un comté tel que l'Essex est d'environ 4×10^9 m^2. Supposons que par « lac peu profond » on entende un lac de 0,5 m de profondeur. Le volume d'un tel lac sera égal à 2×10^9 m^3. Dès lors, chaque mètre-cube d'eau de ce lac devra produire environ 750 g de bactéries par jour (c'est-à-dire près de 750 mg l^{-1}).

Des bactéries ont besoin de nutriments. Le plus important, en termes de quantité, est une source de carbone organique (les bactéries sont incapables de réaliser la photosynthèse) ainsi qu'une source appropriée d'azote (ions ammonium ou nitrate). Des bactéries sont ainsi (ou ont été) cultivées dans du méthanol en présence d'ammoniaque (et de faibles quantités d'autres sels) en vue de servir d'alimentation pour le bétail.

Dans un appareil de fermentation industrielle bien conçu, il faut mettre en œuvre environ 2 tonnes de méthanol et 0,2 tonne d'ammoniaque pour obtenir une tonne de bactéries.

2. Il semble qu'aucun animal ne transforme aussi efficacement la nourriture en masse corporelle que le poulet d'élevage. Dans les conditions d'élevage intensif, on estime qu'un poulet consomme environ 2 kg de nourriture pour chaque kg de poids gagné. En réalité, ce calcul n'est pas aussi simple que cela. Par rapport au poids d'un poulet, il n'y a que 20 % de chair comestible et dans cette chair il y a 70 % d'eau, alors que la nourriture qui leur est donnée est pratiquement sèche. Ceci signifie que les 2 kg de nourriture sèche ne sont transformés qu'en plus ou moins 100 g de poids sec de chair de poulet.

c) Se reporter aux commentaires de l'exercice 5.

31 **a)** Tout dépend de ce que vous entendez par « giclement ». Quoi qu'il en soit, 10 ml de pétrole correspondent à environ 300 gouttes délivrées par un compte-gouttes. Vous pourriez estimer qu'une cadence de 5 gouttes par seconde serait suffisante pour qu'on assiste au moins à un débit continu.

b) Dans le sud de la Grande-Bretagne, l'énergie solaire totale qui atteint le sol chaque année est de l'ordre de $3{,}5 \times 10^9$ J m^{-2}, soit $0{,}4 \times 10^6$ J m^{-2} par heure. Vous pouvez proposer n'importe quelle valeur acceptable en ce qui concerne la superficie recouverte par un arbre.

Par photosynthèse, les plantes fabriquent, grâce à la lumière solaire, des glucides à partir d'eau et de dioxyde de carbone selon l'équation :

$$n\ H_2O + n\ CO_2 \xrightarrow{h\nu} (CH_2O)_n + n\ O_2$$

Au maximum, 30 % de l'énergie de la lumière visible absorbée par les plantes peut être convertie en énergie chimique stockée dans les glucides. Ceci est une caractéristique bien connue du processus photosynthétique : huit photons sont consommés lors de la réduction d'une molécule de dioxyde de carbone. Le génie génétique ne pourra jamais changer cela.

Quant au produit de la photosynthèse, il s'agit de $(CH_2O)_n$, dont les carbones sont à des étages d'oxydation plus élevés que dans le « pétrole ». L'équation la plus simple qui décrirait la production d'un produit hydrocarboné à partir d'un glucide [en supposant que la conversion est efficace à 100 % et en représentant le « pétrole » par $CH_3(CH_2)_{14}COOH$] est :

$$(CH_2O)_{23} \rightarrow CH_3(CH_2)_{14}COOH + 7CO_2 + 7H_2O$$

Un gramme de « pétrole » libère environ 50 kJ de chaleur lorsqu'il est oxydé.

33 **a)** Si la vitesse de l'échange est d'ordre un, il doit alors s'ensuivre que la mise en graphique du logarithme népérien du nombre d'hydrogènes non échangés des fonctions amide en fonction du temps fera apparaître une ligne droite. Les données présentées ici ne fournissent pas un tel résultat.

b) Une manière simple de tester les conclusions des auteurs consisterait à supposer que les deux groupes d'hydrogènes à échange lent existent bel et bien dans ces polyamides et qu'ils présentent les caractéristiques signalées, puis de se servir de leurs nombres ainsi que des valeurs des constantes de vitesse pour calculer la courbe théorique. Celle-ci pourra ensuite être comparée avec les données pour voir si la concordance est satisfaisante.

35 **a)** Ceci est décrit dans les deux premiers paragraphes du texte. Point important : c'est la totalité des triglycérides de chaque échantillon que l'on extrait à l'aide de chloroforme, mais seul un aliquot de la solution obtenue est transféré dans une fiole de comptage.

b) La saponification est le processus d'hydrolyse basique des triglycérides, ce qui aboutit à du glycérol et à des sels d'acides gras (savons). Si vous doutez de ceci, vous pouvez déduire cette information des détails pratiques mentionnés dans le troisième paragraphe du texte.

c) Les tubes à essai relatifs aux divers échantillons contiennent une solution aqueuse. L'eau n'est que faiblement soluble dans le chloroforme ; l'ajout de méthanol permet à davantage d'eau de former une phase unique avec le solvant organique, mais la quantité d'eau qui était présente dans l'échantillon à l'origine implique que la phase chloroformique se sépare pratiquement quantitativement.

d) Le chloroforme représente deux tiers des 5 ml du solvant ajouté. La solution de lavage est saturée en chloroforme, de sorte que le volume final du chloroforme lavé est 10/3 ml.

e) Ceci est une manière abrégée de dire qu'un échantillon a été prélevé de l'extrait dans l'heptane, qu'il a été transféré dans une fiole contenant le liquide de scintillation de Bray et que la vitesse de la désintégration radioactive a été ensuite mesurée en comptant les photons émis, comme cela a été décrit dans le second paragraphe de l'introduction au texte.

f) Ce point n'est pas décrit explicitement dans cet extrait (ni d'ailleurs dans l'article). Mais on peut facilement déduire que cette vitesse est déterminée par différence. Comme la quantité de radioactivité, à la fois dans le triglycéride total et dans la composante acides gras est connue, il s'ensuit nécessairement que la différence entre ces valeurs correspond à la part de la composante glycérol.

g) On aura remarqué que le travail demandé ne concerne que les deux derniers paragraphes. Basez-vous sur votre expérience quant à la manière de suivre des instructions dans un manuel de laboratoire, en vue de décider de la présentation la plus opportune d'un ensemble d'instructions que vous aimeriez avoir à suivre.

Voici un exemple de mode opératoire qui pourrait convenir :

Transférer, à l'aide d'une pipette jaugée, 1 ml de l'extrait chloroformique contenant l'échantillon dans une fiole de comptage et encore une fois 1 ml de cet extrait dans un tube à essai.

Déposer la fiole de comptage dans un four préchauffé à 70 °C se trouvant sous hotte aspirante et évaporer à sec[1]. Refroidir. Ajouter 10 ml de liquide de scintillation de Bray. Visser le capuchon de la fiole et agiter celle-ci délicatement afin de dissoudre le triglycéride.

À l'échantillon qui a été déversé dans le tube à essai, ajouter 0,5 ml d'une solution éthanolique de KOH 1M. Boucher le tube et plonger celui-ci durant 2 heures dans un bain d'eau maintenue à 70°C. Retirer le tube et attendre qu'il refroidisse. Y ajouter 0,5 ml de H_2SO_4 1M puis 5 ml d'heptane. Replacer le bouchon et bien agiter. Laisser l'extraction se poursuivre durant la nuit. Le lendemain, transférer, à l'aide d'une pipette jaugée, 3 ml

1. Il est à noter que si un tel procédé paraissait raisonnable en 1977, ce n'est plus le cas de nos jours, car il faut actuellement prendre des précautions pour éviter de répandre du chloroforme dans l'atmosphère.

de la phase heptanique dans une fiole de comptage contenant 10 ml du liquide de scintillation de Bray.

Procéder au comptage des échantillons dans un compteur à scintillation.

37 **a)** Se reporter à l'exercice 35(g).

b) La modification qui s'impose de toute évidence serait de remplacer le benzène par du méthylbenzène (toluène). Ces hydrocarbures présentent des propriétés fort voisines en tant que solvants, mais on considère à l'heure actuelle que le benzène est beaucoup trop cancérigène pour être encore employé.

4 SE FAIRE UNE OPINION JUDICIEUSE

Solvants et solubilité

3 Cet exercice vous invite à prendre en considération les raisons pour lesquelles la solubilité est influencée par des facteurs tels que la température ou la présence d'ions communs. Ceci devrait vous encourager à examiner scrupuleusement les divers principes qui régissent la solubilité, comprenant en cela l'application des lois de la thermodynamique aux processus de solubilisation.

Vous aurez remarqué que certaines généralisations qui semblent émerger (comme le fait que la solubilité augmente au prorata de la température) ne sont pas toujours valables ; ainsi, par exemple, le pentanol est plus soluble dans l'eau froide que dans l'eau chaude (cf. l'exercice 27 du chapitre 1).

Vous pouvez également profiter de cet exercice pour évaluer la précision des mots dont vous faites usage. Ainsi, vous pourriez très bien soutenir qu'il est possible de faire passer de l'acide palmitique en solution aqueuse en y ajoutant une base, ou encore que la base transforme l'acide en son ion palmitate qui est soluble, mais ceci ne change rien à la solubilité de l'acide comme tel. Quant aux considérations relatives à l'effet d'un ion commun, celles-ci doivent vous amener à réfléchir à la relation qui existe entre la solubilité et le produit de solubilité.

4,5 La partie (a) de ces deux exercices attire l'attention sur certains critères qui sont assez bien définis. Toute recristallisation requiert un solvant dans lequel le soluté est beaucoup plus soluble à haute température qu'à basse température. Il faut en outre que les diverses impuretés restent suffisamment solubles à basse température pour qu'elles restent en solution ; en supposant que ces impuretés sont présentes en faibles quantités, cet impératif n'est pas particulièrement exigeant.

Le critère fondamental pour envisager d'extraire un soluté d'une solution aqueuse est manifestement de disposer d'un solvant qui soit pratiquement immiscible avec l'eau (cf. les exercices 1(c) ou 5(b) pour voir comment on pourrait interpréter la notion de « pratiquement immiscible »). Il est également essentiel que le soluté soit soluble de manière mesurable dans le solvant (mais il est à noter qu'il n'est pas indispensable que le soluté soit *plus* soluble dans le solvant que dans l'eau).

Les questions judicieuses soulevées dans ces deux exercices sont encore davantage mises en exergue par les parties (b) ou (b) et (c).

Lors du choix d'un solvant, il faut tenir compte de facteurs tels que son coût, sa disponibilité, sa sécurité d'emploi, la facilité de le récupérer ou de le jeter, sa viscosité, son odeur ainsi que la commodité de son emploi.

Lorsqu'il s'agit de décider combien de fois une opération doit être répétée, il est indispensable de cerner les objectifs que l'on tente d'atteindre et de bien comprendre les modalités qui permettront de les satisfaire.

6 Se reporter aux remarques relatives à l'exercice 5(c).

Réactions

1 En chimie, l'adjectif « stable » peut être porteur de significations différentes. Une première distinction majeure est le contraste qui existe entre stabilité thermodynamique et stabilité cinétique. Mais la prise en considération du contexte revêt également une importance cruciale. Les exemples donnés ici vous invitent à réfléchir à tous ces aspects. Ainsi, les chlorofluorocarbures (CFC) étaient très appréciés comme fluides frigorigènes en raison de leur stabilité (ils sont ininflammables et inertes du point de vue chimique), et cependant ils libèrent du chlore radicalaire sous l'action d'une irradiation par de la lumière ultraviolette, ce qui s'est avéré être la cause principale de la déplétion de la couche d'ozone. Autre exemple, C_2H_6, que l'on peut considérer selon au moins trois points de vue différents : cette molécule est suffisamment stable pour avoir subsisté dans les gisements souterrains (sous forme de gaz naturel) durant des milliers d'années. Et cependant, l'éthane est extrêmement inflammable (c'est-à-dire qu'il réagit facilement avec l'oxygène) et, en outre, il se dissocie en radicaux méthyle à haute température.

2 L'isotope ^{40}K se désintègre à une vitesse insignifiante dans l'échelle de temps des êtres vivants, mais pas dans l'échelle de temps géologique ; cet isotope sert à dater les roches.

L'isotope ^{14}C permet de dater les objets d'art du point de vue archéologique, parce que sa désintégration est significative sur une période de l'ordre de 1000 ans.

Quant aux isotopes ^{131}I et ^{125}I, ils sont tous les deux mis à profit en médecine, mais à des fins plutôt différentes en raison, notamment, de leurs demi-vies dissemblables. L'iode est employé pour marquer les protéines dont on se sert dans les dosages immunologiques (il s'agit là d'une méthode très sensible qui permet de détecter et de doser sélectivement des concentrations infimes d'hormones et autres substances intéressantes dans le sang). L'isotope ^{125}I est préféré au ^{131}I parce qu'il persiste plus longtemps et qu'il peut dès lors être plus facilement conservé. (En outre, il émet des rayons γ moins énergétiques et est, de ce fait, moins dangereux ; mais ceci n'a rien à voir avec la demi-vie.)

Le ^{131}I est habituellement choisi lorsqu'on désire employer de l'iode *in vivo* à des fins diagnostiques ou thérapeutiques. Ainsi, par exemple, de petites quantités de ^{131}I peuvent être injectées à un patient en vue de contrôler le fonctionnement de sa glande thyroïde (une glande thyroïde qui fonctionne correctement capte sélectivement les ions iodure). De plus fortes doses permettent de traiter l'hyperthyroïdie, parce que les rayons émis sont capables de tuer une partie des cellules donnant lieu à une sécrétion exagérée. Le caractère plus énergétique de l'iode-131 constitue un avantage dans ce cas-ci. Sa courte demi-vie implique en outre que la radioactivité ne persiste pas assez longtemps pour qu'il y ait un quelconque danger pour le patient ni pour sa famille.

Les demi-vies de tous ces isotopes sont suffisamment longues pour que l'on puisse ignorer leur vitesse de désintégration au cours des quelques heures qui sont habituellement nécessaires afin d'effectuer le comptage radioactif d'un lot d'échantillons ; ceci n'est pas vrai pour tous les radio-isotopes (comme par exemple dans le cas du ^{18}F, dont la demi-vie ne vaut que 112 minutes).

3 Typiquement, ces équations laissent entrevoir comment on pourrait décrire le plus adéquatement la réaction idéalisée. Dans les exemples présentés ici, vous devriez examiner si d'autres produits ne sont pas possibles, quelle serait la stéréochimie si elle n'est pas précisée, quels sont les coefficients stœchiométriques à placer pour pondérer l'équation (et dans de tels cas, vous devrez vous demander s'il y a un motif qui justifie l'omission des coefficients stœchiométriques). Il faudra aussi voir si un symbole précisant l'état matériel ne doit pas être ajouté. Dans la plupart de ces cinq exemples, vous identifierez certainement sans trop de difficultés d'autres produits qui sont susceptibles de se former. Néanmoins, comme c'est le cas dans toutes les réactions, il y aura très souvent d'autres produits dont l'existence est malaisée (voire impossible) à prévoir.

Vous pourriez également reconsidérer l'emploi du signe d'équilibre ($\rightleftharpoons$) et vous demander si, dans l'un ou l'autre parmi ces exemples, il ne serait pas plus opportun d'y placer un signe $\longrightarrow$.

4 Il y a de nombreux facteurs à prendre en considération pour faire le choix d'une méthode appropriée. Certains sont d'ordre général ; d'autres, par contre, sont plus liés à la spécificité du problème posé. On doit se poser des questions telles que : la méthode choisie donnera-t-elle assez d'exactitude et de précision par rapport à ce que vous cherchez à obtenir ? Est-elle suffisamment simple, rapide et sûre ? Disposez-vous de l'appareillage adéquat ? Avez-vous déja testé cette méthode auparavant ? Avez-vous acquis le doigté voulu en ce qui concerne cette méthode ? Parmi les facteurs spécifiques liés à ces méthodes proposées, il faut savoir si ces variations de pH, de volume (ou de température) peuvent être maintenues dans des limites telles qu'elles n'affecteront pas la vitesse. On doit également se demander s'il faut privilégier une méthode qui permet d'exécuter en continu des mesures in situ vis-à-vis d'une méthode qui implique le prélèvement d'échantillons.

5 Dans la plupart des cas de ce genre, le choix est guidé par la commodité. Examinons tout d'abord comment on pourrait mesurer le changement de concentrations des réactifs. On se rappellera que le point crucial pour maintenir un des réactifs en excès consiste à s'assurer que sa concentration ne varie que d'une façon négligeable au cours de la réaction. De la sorte, toute modification de la vitesse sera exclusivement due aux variations de concentration de l'autre réactif. (Qu'allez-vous à présent répondre à la question (a) 2 ?). Le choix qui se présente ici est, soit de maintenir OH^- en excès et de mesurer la variation de concentration du cristal violet, soit de maintenir le cristal violet en excès et de mesurer la variation de concentration de OH^-. Avant de décider que OH^- est facile à mesurer grâce à l'évolution du pH, on se doit de garder à l'esprit que le pH dépend de H^+ de manière logarithmique. Vous disposez par ailleurs de suffisamment d'informations pour exploiter la fourchette de concentrations du cristal violet que l'on peut aisément mesurer à l'aide d'un spectrophotomètre.

Quant aux décisions relatives au nombre de mesures à effectuer (cf. question (a)3) et aux valeurs réelles des variables, il est clair qu'il faut, comme c'est pratiquement toujours le cas, trouver un compromis. Plus vous exécuterez de mesures, plus vous améliorerez la précision de vos résultats, mais plus aussi votre expérience sera coûteuse en temps et en réactifs. De même, il serait opportun de réaliser des mesures dans une large fourchette de valeurs de la variable indépendante (dans le cas présent en ce qui concerne la concentration du réactif qui est en excès — êtes-vous bien sûrs de savoir pourquoi ?). En pratique, diverses contraintes imposent des limites aux valeurs qui peuvent être convenablement exploitées. Dans le genre d'expérience ici évoquée, il y a manifestement deux impératifs : la condition d'un « réactif en excès » doit être scrupuleusement vérifiée et la vitesse de la réaction doit, bien entendu, rester mesurable.

6 Pour décider, il vous faut prendre en considération les conséquences de votre choix sur la sensibilité, l'exactitude et la précision des mesures. Ceci veut dire qu'il faut songer à ce qui contribue réellement aux absorptions telles qu'on les observe.

On aura remarqué qu'aux longueurs d'ondes inférieures à environ 300 nm, l'absorption est due tant à la forme non ionisée qu'à la forme ionisée. Il s'ensuit que, dans cette région, l'absorption qui est mesurée peut être causée par une proportion quelconque des deux espèces.

On aura aussi constaté que les deux spectres s'entrecroisent à des longueurs d'ondes juste au-dessus et en dessous de 275 nm (ce que l'on appelle des points isosbestiques). À ces longueurs d'ondes, un changement d'absorption, quel qu'il soit, ne peut pas être dû à une modification de l'état d'ionisation de la tyrosine. Ceci signifie-t-il que vous puissiez prédire ce qui se passerait au niveau de l'absorption si une solution de tyrosine était amenée à réagir pour fournir un produit déterminé ?

Rendement

1 Deux points sont à mettre en exergue lorsqu'on parle d'un rendement de 100 %. En premier lieu, on peut arguer qu'au sens strict du terme un rendement de 100 % exigerait que ladite réaction soit caractérisée par une variation infiniment négative d'énergie libre. Dans le cas d'un bon nombre de réactions, la variation de l'énergie libre standard est suffisamment négative pour pouvoir prédire un rendement à peine inférieur à 100 %, lorsque les réactifs sont engagés en proportions stœchiométriques.

D'un point de vue pratique, il est assez rare d'engager les réactifs en quantités parfaitement stœchiométriques ; en général, on préfère ajouter l'un d'eux en excès dans le milieu réactionnel, de manière à optimaliser la transformation de l'autre en produit. Dans de telles situations, seul le réactif limitant pourra (au mieux) être converti quantitativement en produit. Plusieurs raisons incitent à faire intervenir des quantités limitées d'un réactif ; par exemple, celui-ci peut être coûteux, difficile à obtenir ou, encore, ce réactif pourrait être difficile à séparer des produits s'il subsistait à l'état excédentaire dans le mélange réactionnel. Bien souvent, le « rendement » est de ce fait indiqué par rapport à un seul réactif.

2 Des rendements supérieurs à ceux annoncés doivent vous faire penser à la possibilité de se trouver en présence d'un produit impur ou humide, à moins qu'il n'y ait eu erreur sur la pesée.

Quant aux rendements inférieurs à ceux attendus, ils proviennent habituellement de techniques expérimentales mal maîtrisées. Il vous faudra réexaminer chaque étape et analyser les améliorations qui sont possibles. Dans l'exemple présenté ici, un faible rendement pourrait provenir d'une désintégration incomplète de l'étain, d'une perte d'iode, de la durée inadéquate du reflux, de la perte de produit au cours de l'hydrolyse, d'un lavage insuffisant, d'un séchage inefficace, de pertes lors de la recristallisation et ainsi de suite.

3 Si la concentration d'un réactif ou d'un produit est modifiée par rapport à sa valeur à l'équilibre, la réaction va évoluer vers une nouvelle position d'équilibre. Le principe de Le Chatelier peut être mis à profit pour prévoir les effets de ces modifications. Dans l'exemple ici présenté, on pourrait augmenter le rendement en ester en écartant l'eau au fur et à mesure de son apparition ou en faisant intervenir l'acide en quantité excédentaire.

4 Lorsqu'il s'agit de savoir si un rendement est acceptable ou non, il faut nécessairement se référer au contexte dans lequel on se trouve. Parmi les points à prendre en considération, il y a :

- Les raisons pour lesquelles on désire obtenir le produit en question. Des produits peuvent très bien être synthétisés pour un usage autre que leur vente ou que pour servir de point de départ d'autres synthèses. Parfois en effet, une synthèse est réalisée dans le seul but de confirmer une structure ou encore pour tester la validité d'une théorie (par exemple en rapport avec la réactivité ou avec un mécanisme réactionnel). Dans le cas de produits destinés à la vente ou à réengager dans d'autres étapes de synthèse, il est capital d'obtenir des rendements élevés, surtout si les réactifs sont chers, s'ils sont difficiles à écarter du mélange réactionnel (cf. l'exercice 1 ci-dessus), ou bien s'ils sont destinés à des synthèses comportant plusieurs étapes (cf. l'exercice 5 ci-après). S'il s'agit simplement de confirmer une structure ou une théorie, le rendement revêt habituellement une importance secondaire ; ce qui compte surtout, c'est le bon aboutissement de la synthèse du produit.
- L'échelle à laquelle la synthèse doit être réalisée. En cas de production à grande échelle (industrielle), un rendement élevé s'avère tout particulièrement important, en partie parce qu'il est extrêmement coûteux de gaspiller même une proportion minime d'une grande quantité de matière première, mais aussi en raison des coûts souvent élevés entraînés par l'isolement des sous-produits d'un mélange réactionnel et de leur évacuation. Les rendements faibles ont aussi des répercussions au niveau du coût des installations industrielles ; il faut traiter davantage de matière première, de sorte que les réacteurs doivent avoir une plus grande capacité ou être en fonctionnement durant de plus longues périodes.
- Des considérations théoriques entrent aussi en ligne de compte. Par exemple, une réaction qui aboutit à la formation d'un mélange racémique aura (le plus souvent) pour conséquence un rendement maximal de 50 % pour chacun des énantiomères.

5-8 Se reporter aux commentaires relatifs à l'exercice 4 ci-dessus. Quelques précisions supplémentaires fort utiles sont apportées ci-après.

5 Deux éléments importants doivent être pris en considération ici. L'un est le rendement global ; vingt étapes successives, lesquelles sont chacune caractérisées par un rendement de 95 %, auront pour résultat un rendement global inférieur à 40 %. L'autre problème a trait à la nature des sous-produits et à la question de savoir s'ils peuvent être tolérés au sein du produit final.

6 Deux points sont à noter ici : les deux possibilités impliquent la production de la même quantité d'isomère *cis* lors de la première étape, tandis que la seconde produit en outre une quantité égale d'isomère *trans*. Idéalement, il faudrait amorcer la seconde étape avec un isomère pur.

Les facteurs à prendre en considération ici sont les suivants :

- La pureté exigée du produit doit avoir une certaine relation avec la pureté de l'alcool mis en œuvre lors de la deuxième étape.
- En l'absence de toute autre information, il semble raisonnable d'estimer qu'il est certainement plus facile de séparer l'isomère *cis* des sous-produits que de l'isomère *trans*.
- Dans le cas d'une préparation à l'échelle du laboratoire, on peut estimer, soit qu'il est préférable d'avoir l'occasion d'essayer les *deux* méthodes d'obtention du dérivé chloré, soit qu'il vaut mieux se focaliser sur un seul des deux procédés.
- Dans le cas d'une production à grande échelle, il est beaucoup plus important de minimiser le gaspillage (cf. les commentaires relatifs à l'exercice 4 ci-dessus) ; certaines techniques de séparation (comme la distillation fractionnée) ne sont pas difficiles à appliquer, tandis que d'autres (comme la chromatographie) posent de sérieux problèmes ; cela vaudrait même la peine d'investir de l'argent dans des recherches de mise au point d'une méthode permettant de séparer les isomères *cis* et *trans*, si cela n'a pas encore été publié.

7 Le mécanisme de la réaction n'est pas influencé par le rendement et donc, dans ce cas-ci, le rendement n'a aucune importance, pour autant que l'on dispose de suffisammaent de produit pur afin de pouvoir y déterminer la distribution de l'isotope marqueur. Mais en fait, dans d'autres circonstances, on pourrait imaginer qu'il faille déterminer le mécanisme de la formation d'un composé apparaissant avec un faible rendement, et en tant que sous-produit d'une autre réaction ; ceci pourrait alors être le point de départ de recherches visant à améliorer le rendement par de meilleures conditions expérimentales.

Dans cet exemple, vous pourriez en réalité tout aussi bien analyser le composé II ou le composé III. Il semble vraisemblable que le composé III se soit formé au départ du produit II. Ainsi, 76 % du composé I est transformé en II, encore que les deux tiers de celui-ci subissent une modification supplémentaire. Quoi qu'il en soit, même si l'azote du cycle à cinq pièces est préalablement méthoxyméthylé, cela n'a aucune conséquence sur la réaction de cyclisation étudiée.

8 Se reporter à l'exercice 5 ci-dessus. Chaque étape de la synthèse doit normalement s'appuyer sur des mécanismes réactionnels bien connus. Pour chacune de celles-ci, vous devrez être convaincus que la réaction s'est déroulée selon les modalités planifiées, c'est-à-dire qu'elle a fourni le produit attendu. Quel rendement minimal accepteriez-vous pour chacune des étapes ? Quel rendement moyen pour chaque étape aboutirait à un rendement global de 1 % ?

Lorsqu'on cherche à prouver une structure, il est beaucoup plus important d'être assuré que chaque étape mène au produit attendu que de se soucier d'un rendement élevé.

Exactitude et précision

Il a déja été question de la signification différente des mots « exactitude » et « précision » dans l'introduction de ce paragraphe. Il n'est pas rare de réaliser des mesures précises, mais qui sont totalement inexactes : par exemple, vous pourriez faire des lectures répétées du pH d'une solution qui s'affiche sur l'écran de l'appareil et constater que la valeur reste pratiquement identique à elle-même (grande précision), mais, si le pH-mètre a été mal étalonné, ces mesures seront tout à fait inexactes. L'exactitude dénuée de précision est une situation probablement moins courante, encore que l'on pourrait imaginer une méthode entachée d'une importante erreur expérimentale et qui vous fournira une valeur moyenne exacte pour autant que suffisamment de mesures aient été effectuées. Si vous faites une seule mesure selon une méthode peu précise, pourriez-vous obtenir un résultat exact ?

1 Vous devez prendre en considération ici laquelle des initiatives suggérées peut vous donner des informations au sujet des erreurs systématiques. Voir l'introduction ci-dessus.

2 En ce qui concerne cette question, vous devez réfléchir attentivement quant à la relation qui existe entre l'exactitude et la précision. Vous devrez également faire appel à votre propre expérience concernant le travail en laboratoire (ou encore, faire appel à votre bon sens).

Pensez-vous qu'une balance digitale est étalonnée avec une parfaite exactitude ? Et si cette balance se trouve sur la paillasse, c'est-à-dire sur une table ordinaire de votre laboratoire, vous attendez-vous à ce que vos lectures soient reproductibles ? L'exactitude de la pesée a-t-elle un impact sur l'exactitude avec laquelle vous connaîtrez la concentration de la solution obtenue ?

3 Une balance donnera pratiquement toujours plus d'exactitude et de précision que ce qui pourra être obtenu en mesurant un volume. Ce qui pose problème avec l'éther diéthylique, c'est sa volatilité. La confiance que vous aurez dans la valeur obtenue sera le reflet direct de la manière plus ou moins heureuse selon laquelle vous aurez résolu ce problème.

4 a) Vous devez ici songer aux types d'activités analytiques pour lesquelles cette verrerie de laboratoire est destinée. Les cylindres gradués, de même que les pipettes graduées, ne donnent manifestement pas des mesures aussi exactes que les récipients pourvus d'un trait de jauge. Lorsque vous mesurez des volumes ou lorsque vous réalisez des solutions, la meilleure précision que vous puissiez obtenir est déterminée par le plus petit volume qui est commodément mesurable. En analyse de routine, ceci correspond grosso modo à une demi-goutte (soit environ 0,02 ml). Cela vaut-il la peine d'étalonner encore davantage la verrerie à usage volumétrique, de manière à mieux encore se rapprocher de la valeur exacte ?

b) Quelle relation y a-t-il entre la précision de la méthode d'étalonnage et le caractère rapproché de la valeur d'étalonnage vis-à-vis de la valeur correcte ? Si quelqu'un a besoin d'être réellement informé au sujet de la précision de la méthode, est-ce celui qui exécute la mesure, celui qui a réalisé l'étalonnage, ou bien tous les deux ?

c) Vous pourriez peser la quantité de liquide que contient chacune de ces pièces de verrerie. Comment vous y prendriez-vous pour réaliser ceci ? Avec quel liquide rempliriez-vous ces pièces de verrerie ? Agiriez-vous de la même manière pour peser la quantité du liquide contenu dans une fiole jaugée et une pipette jaugée ?

5 Vous devez prendre en considération la variabilité qui est liée à chacune des deux méthodes. Étant donné que vous ne disposez d'aucune information quant à la précision de celles-ci, vous êtes en droit de vous demander si 99,5 % peut être différencié de 99,8 %, bref si ces deux résultats sont significativement différents. Vous pouvez également vous demander si ces valeurs sont suffisamment différentes de 100 % pour justifier le fait que l'on conclue que l'amine est impure.

Si vous estimez que ces valeurs sont (ou pourraient être) différentes, vous devez alors envisager ce qui est réellement mesuré dans chaque cas et imaginer les types d'impuretés qui ont pu être à l'origine d'une erreur. Par exemple, une amine qui est contaminée par une autre amine donnerait un résultat différent lors du titrage par rapport au cas d'une amine, tout aussi contaminée, mais par une substance neutre (ou acide). Quant aux procédés chromatographiques, il y en a qui sont incapables de mettre en évidence certaines impuretés.

6 La mesure de l'alcoolémie est fort sujette aux erreurs expérimentales. C'est pourquoi, une alcoolémie réelle de moins de 80 mg par 100 ml peut très bien correspondre à une valeur mesurée de plus de 80 (ou, inversement, une alcoolémie réelle de plus de 80 peut donner une lecture de moins de 80). Vous devez décider à combien au-dessus de 80 la valeur moyenne des mesures doit se situer, avant d'être certain que le dépassement de l'alcoolémie par rapport à la norme légale n'est pas tout simplement dû à l'erreur expérimentale. La déviation standard pour un tel dosage est de l'ordre de 2 mg par 100 ml, de sorte que l'erreur standard liée à la moyenne des quatre valeurs correspond à environ 1 mg par 100 ml.

7 Jusqu'il y a peu, un rapport entre la hauteur d'un signal et le bruit de fond était classiquement considéré comme significatif lorsqu'il dépassait 2. Actuellement, on exige couramment que ce rapport dépasse en pratique 3. Lorsqu'il s'agit d'effectuer des mesures quantitatives, un minimum de 10 est d'usage et la fourchette d'erreur peut, dans ces conditions, ne pas être meilleure que ± 10 % ! Ce qui est acceptable d'un point de vue scientifique dépend en fait des circonstances, de la nature du bruit de fond et de sa dérive, du degré de certitude voulu et, de plus en plus, du préconditionnement de l'échantillon qui se trouve réalisé dans les appareils modernes. Il y a plusieurs façons de mesurer le bruit de fond : de pic à pic dans un laps de temps donné, en évaluant l'écart maximal par rapport à la ligne de base, en prenant la racine carrée moyenne des mesures, ou encore en calculant la moyenne du bruit de fond tel qu'il apparaît au cours d'enregistrements successifs. Il faut un esprit perspicace pour estimer correctement les signaux par rapport au bruit de fond.

8 Il y a ici au moins deux questions à prendre en considération. Tout d'abord, sur quelle base l'analyste peut-il déclarer qu'il sait que la probabilité d'obtenir un faux positif est de 1 sur 5000 ? Vous pourriez suggérer qu'une telle affirmation repose sur des essais réalisés sur un grand nombre d'échantillons connus pour être exempts d'œstrogènes, essais pour lesquels 1 sur 5000 a donné un faux positif. Il serait cependant difficile de justifier un tel résultat si moins de 100.000 échantillons ont été analysés, et ceci est sans doute le cas. Quelle que soit la méthode employée, la valeur obtenue n'est qu'une estimation, dont la précision est loin d'être connue.

La deuxième question est de savoir si quelqu'un pourrait être convaincu qu'il y a une chance sur 5000 de se trouver en présence d'une analyse erronée. À quel seuil allez-vous accorder le bénéfice du doute ? En jouant à pile ou face, il y a à peu près une chance sur 5000 que la pièce tombe 12 fois de suite sur face (ou sur pile), si elle n'est pas truquée. Si, en jouant ainsi à ce jeu de hasard, vous obtenez douze fois de suite face, allez-vous en conclure que votre pièce a été truquée ?

La plupart des gens ont l'impression que plus une accusation est grave, plus la probabilité d'obtenir un résultat analytique erroné par chance est faible. À ce propos, on devrait se rappeler qu'une condamnation repose rarement sur un simple résultat analytique, mais bien sur un faisceau de preuves concordantes.

Équilibres

1 Il est indispensable de prendre en considération chacun des éléments de cette question selon plusieurs points de vue distincts. Y a-t-il une différence entre de l'eau pure, de l'eau servant de solvant et de l'eau à considérer comme un soluté ? On se rappellera que, d'après les lois de la thermodynamique, on peut prévoir qu'un système susceptible de se dissocier se dissociera d'autant plus qu'il est dilué ; ce concept est-il applicable au cas de la dilution de l'eau par ajout de propanone ? Quant aux acides, ils ne doivent pas nécessairement être dissous dans de l'eau.

Une constante d'équilibre est déterminée par rapport à des conditions standard ; or, les paramètres atmosphériques ou le contenu des cellules vivantes diffèrent visiblement de ces conditions standard. Savoir si une réaction évoluera oui ou non jusqu'à son achèvement complet dépend de considérations relatives au contexte. Ainsi, par exemple, la concentration des H^+ en provenance de la dissociation de l'eau est d'ordinaire considérée comme extrêmement significative ; par contre, on peut habituellement négliger la quantité des molécules de HCl qui ne sont pas dissociées en solution aqueuse diluée. Quelques points pertinents sont également mentionnés dans les commentaires du paragraphe 4.5.

2,3 Vous devez ici vous mettre d'accord avec ce que vous entendez par « complètement ionisé » et vous demander s'il y a une différence entre un acide fort et une solution fortement acide. En outre, selon vous, le pH est-il le reflet d'une concentration ou bien d'une activité ?

4 Se reporter aux commentaires ayant trait aux exercices 2 et 3 (voir ci-dessus). Il faut aussi estimer la fourchette de pH dans laquelle on peut ignorer les proportions de HA^+ et de A^-, et prendre en considération le domaine de pH sur lequel les substances présentées sont capables d'exercer un effet tampon efficace (l'étendue de ces domaines n'est pas sans relation avec le pK_a desdites substances).

5 Dans une solution de H_2SO_4 1M, on doit logiquement s'attendre à ce que les acides organiques soient totalement protonnés, et, dans ce cas, il n'est pas pensable qu'ils y existent sous forme de sels sodiques. Mais ceci ne peut pas être vrai si c'est le sel sodique qui cristallise de préférence à l'acide ; quelle valeur de pK_a ceci exige-t-il ?

6 Grâce aux valeurs des produits de solubilité, il est possible de calculer à quelles concentrations, tant de Ba^{2+} que de Sr^{2+}, on assistera à l'apparition d'un précipité pour toute concentration donnée en chromate. Étant donné que ces deux ions métalliques sont présents dans la même solution, il est très facile de démontrer, qu'en théorie, une coprécipitation se produira lorsque les concentrations de ces ions métalliques atteindront un rapport égal à celui des produits de solubilité. La vraie question est à présent de se demander si le système se comportera réellement comme le prévoit la théorie ou si du Sr^{2+} peut être en partie séquestré dans du chromate de baryum.

En ce qui concerne l'emploi éventuel de ce procédé pour purifier Ba^{2+} ou Sr^{2+}, vous devrez décider du taux d'impureté tolérable.

7 Il est possible de donner une réponse quantitative à cette question en faisant intervenir la valeur de la constante d'équilibre. Mais vous éviterez ce calcul fastidieux en appliquant intelligemment le principe de Le Chatelier. Si vous comprimez un échantillon de NO_2 jusqu'au dixième de son volume d'origine, pourquoi savez-vous à l'avance que la pression ne sera pas augmentée par un facteur de dix ?

8 Comme dans le cas de l'exercice 7, il est possible de répondre à cette question grâce à un calcul, mais il est bien plus commode d'appliquer le principe selon lequel lorsqu'on dilue une solution qui contient une espèce associée, on assiste à une diminution du rapport à l'équilibre du complexe sur les entités dissociées.

9 Ici, le point crucial est de reconnaître qu'il n'est pas absolument indispensable d'obtenir des réponses exactement chiffrées, car il est possible de faire des suppositions qui simplifieront les calculs, tout en fournissant des informations malgré tout fort utiles.

On se rappellera que l'expression de l'équilibre correspond à :

$$\frac{[\text{Complexe}]}{[\text{EDTA}][\text{Ni}^{2+}]} = 4 \times 10^{18}$$

Le fait d'ajouter une quantité stœchiométrique d'EDTA aboutira à la complexation de pratiquement la totalité du Ni^{2+} et ne laissera que des concentrations infimes (et identiques) de Ni^{2+} et d'EDTA libres. Les diverses valeurs peuvent être estimées à partir de la constante de stabilité qui a été donnée. À ce point, on observera un changement de couleur, pour autant que la constante de stabilité du complexe murexide-Ni^{2+} soit suffisamment basse pour qu'une proportion significative de murexide puisse rester non complexée à cette concentration de Ni^{2+} libre. Le virage de l'indicateur se produira trop tôt si la constante de stabilité du complexe murexidique est trop basse.

Pour s'attaquer à la partie (b) de l'exercice, il faut se mettre d'accord quant à la concentration de Ni^{2+} libre que l'on accepte d'assimiler à une valeur « effectivement nulle ». Serait-il opportun de choisir 10^{-24} mol l^{-1} ? Ceci correspond à moins d'un ion par litre. Vous pourriez estimer que ceci est inutilement bas. Choisissez dans ce cas une autre valeur, insérez-la avec la concentration totale du Ni^{2+} (qui est complètement complexé) dans l'équation de l'équilibre, et vous pourrez ainsi calculer la concentration de l'EDTA libre. Serait-il possible de préparer une solution d'une telle concentration ?

5 PISTES DE RÉFÉRENCE

Ce dernier chapitre est le seul pour lequel des solutions non équivoques peuvent être données aux exercices.

Lorsqu'aucune référence n'est présentée, cela signifie que les réponses aux questions peuvent être retrouvées dans l'article sur lequel est basé l'exercice.

Quant aux références qui suivent une réponse particulière, elles constituent une source d'informations pour cette réponse et pour toutes les autres qui suivent jusqu'à ce qu'une nouvelle référence apparaisse.

3

a) Un fluide supercritique est une substance qui se trouve au-delà de son point critique, lequel correspond à la température et à la pression les plus élevées auxquelles cette substance peut se présenter dans une situation d'équilibre entre le liquide et sa vapeur.

b) RESS signifie *R*apid *E*xpansion of *S*upercritical Fluid *S*olutions, c'est-à-dire l'expansion rapide des solutions de fluides supercritiques.

c) Comme produits présentant des morphologies intéressantes, citons des microfibres, des microsphères, des microfibres creuses, des systèmes de microencapsulation, etc.

d) GAS signifie *G*as *A*nti-*S*olvent, c'est-à-dire un gaz qui diminue le pouvoir de dissolution d'un solvant. À basse pression en effet, les fluides supercritiques se solubilisent très bien dans les liquides, ce qui fait diminuer le pouvoir dissolvant de ces liquides, bref ce qui permet de précipiter sélectivement certains solutés.

e) PCA signifie *P*recipitation with *C*ompressed *A*nti-solvent. La précipitation à l'aide d'un anti-solvant comprimé implique la vaporisation d'une solution liquide qui contient le composé voulu au sein du fluide supercritique. Les gouttelettes se dissolvent dans le fluide supercritique, ce qui induit la précipitation.

f) En ce qui concerne les fluides supercritiques employés comme solvants, parmi les caractéristiques exceptionnelles et susceptibles d'être intéressantes, on citera leur densité, leur polarité, leur viscosité, leur diffusibilité et leur pouvoir global de dissolution important que l'on peut moduler de manière spectaculaire grâce à des modifications relativement légères de la pression et/ou de la température.

g) Pression critique = 72,9 atm
Température critique = 31 °C

h) Le CO_2 supercritique permet de réaliser des extractions au départ, par exemple, de certaines écorces, du houblon, de certaines épices, de graines oléagineuses, de foies de poissons, de racines, de haricots et de fruits.

Il sert aussi de solvant, notamment pour nettoyer et sécher.

Il permet enfin de synthétiser l'acide formique et de réaliser des hydrogénations catalytiques.

5 **a)** L'eau distillée ordinaire a été redistillée en présence d'une solution basique de permanganate et a ensuite été passée sur des colonnes remplies de résines échangeuses d'ions du type Amberlite IR-20 et Dowex 50 sous forme protonnée. Après cela, on l'a chauffée à reflux en présence de peroxodisulfate (1 g l^{-1}) durant environ 30 minutes, puis neutralisée à l'aide d'une solution d'hydroxyde de sodium purifié et enfin distillée dans un appareil en Pyrex. (*J. Chem. Soc., Dalton Trans.*, **1982**, 237.)

b) pH 11-12.

c) Diverses sortes de verre, du Pyrex, des surfaces vernies, des récipients métalliques, etc. (*J. Phys. Chem.*, **1943**, *47*, 260).

d) L'ajout d'agents de chélation permet d'écarter les ions métalliques. Parmi les composés utilisés, il y a H4edta, H5dtps, H4dodta, H3nta et H4cdta.

7 **a)** Ajouter le catalyseur à de l'acide sulfurique chaud et agiter durant 15 minutes. Titrer à l'aide de sulfate d'ammonium et de fer(II) 0,03 M. (*J.Catal.*, **1982**, *76*, 17).

b) Un tel schéma est donné dans *J.Chem. Soc., Faraday Trans.*, **1993**, *89*, 843.

c) Environ 380 °C (*J. Catal.*, **1975**, *37*, 424).

9 **a)**

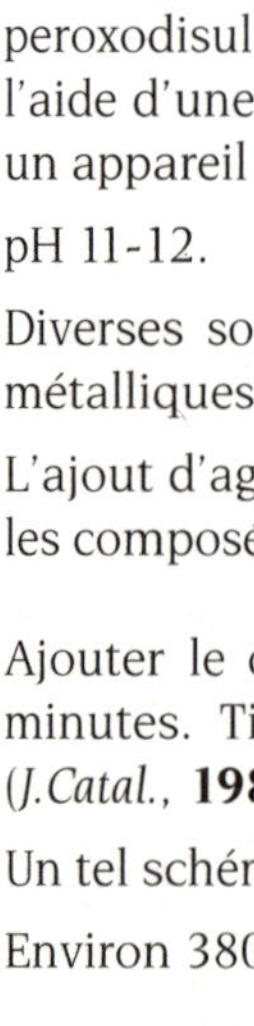

b) 10 % (*J. Am. Chem. Soc.*, **1971**, *93*, 1259).

c) 66 % (*J. Am. Chem. Soc.*, **1993**, *115*, 7246).

11 **a)** Les réactifs sont physiquement séparés.

b) Il serait impossible de séparer les produits.

c) C'est une réaction de métathèse.

13 **a)** Dissoudre 0,01 mol d'acide, 0,011 mol de dicyclohexylcarbodiimide, 0,011 mol de l'alcool ainsi que 0,001 mol de 4-pyrrolidinopyridine dans de l'éther ou du dichlorométhane (25 à 30 ml) et laisser reposer à la température ordinaire jusqu'à ce que l'estérification soit tout à fait achevée. Essorer sur Buchner, laver le précipité avec de l'eau, avec de l'acide acétique à 5 %, puis à nouveau avec de l'eau. Sécher sur du sulfate de magnésium. Évaporer à sec de manière à obtenir l'ester.

b) Les conditions sont neutres.

15 a) $SbF_5 > AsF_5 > NbF_5 > PF_5$

Ce^{3+} et Ce^{4+} (*J. Inorg. Nucl. Chem.*, **1957**, *5*, 57).

b) Un mélange de *m*- et de *p*-xylène a été traité par HF et par le sel métallique. Dans un tel milieu, un fluorure peut jouer le rôle d'un acide de Lewis et se coordonner avec un ion fluorure. Le proton libéré s'additionne alors préférentiellement au *m*-xylène.

L'acidité des fluorures a été attribuée à la valence fortement positive du métal et à sa capacité de former des liaisons covalentes avec le fluor. $TaF_5 > NbF_5 > PF_5$ (*J. Am. Chem. Soc.*, **1956**, *78*, 3009).

c) $PF_5 < NbF_5 < TaF_5 < AsF_5 < SbF_5$

d) $SbF_5 + 2HF \rightleftharpoons H_2F^+ + SbF_6$

$2AsF_5 + 2HF \rightleftharpoons H_2F^+ + As_2F_{11}^-$

e) $2SbF_6^- + H_2F^+ \rightleftharpoons Sb_2F_{11}^- + 2HF$

SbF_4SO_3F dans HF (*J. Chem. Soc.*, **1966**, *118*, 1170).

17 a) La réaction de Huang-Minlon est une version modifiée de la réaction de Wolff-Kishner qui permet de réduire les cétoacides et les cétones.

b) Le mode opératoire devrait se présenter comme suit :

Chauffer à reflux le composé dans de l'éthylèneglycol avec de l'hydrate d'hydrazine à 85 % et 3 équivalents de NaOH ou de KOH pendant 1 heure. Chasser par distillation l'eau et l'hydrate d'hydrazine de manière à augmenter la température jusqu'à 180 °C et continuer le chauffage à reflux durant encore 3 heures. Après refroidissement, isoler le produit. (*J. Am. Chem. Soc.*, **1946**, *68*, 2487.)

19 Ils ont tout d'abord réalisé un titrage potentiométrique par $KMnO_4$ à l'aide d'une électrode Pt/Ag/AgCl pour déterminer la quantité de V^{4+}, puis ils ont fait appel à un titrage volumétrique avec du Fe^{2+} pour doser V^{5+}, l'indicateur étant le sulfonate sodique de diphénylamine. (*J. Chem. Soc., Faraday Trans.*, **1994**, *90*, 2981.)

21 a) Une solution du stéroïde d'une concentration variant de 0,005 à 0,010 M dans de l'acide acétique est agitée durant 45 minutes en présence de zinc pulvérulent. Essorer sur Buchner et laver avec de l'acide acétique. Ajouter de la glace et neutraliser. Extraire par de l'éther. (*J. Chem. Soc.*, **1959**, 2502.)

b) La RMN.

23 a) La décomposition chimique de la vapeur, 1,0 eV. (*J. Phys. Chem.*, **1992**, *96*, 2691.)

b) 1,7 eV. (*J. Phys. Chem.*, **1992**, *96*, 2691.)

c) La pyrolyse à l'aide d'un laser. (*J. Am. Chem. Soc.*, **1984**, *106*, 390.)

25 a) Kroto et al., *Nature*, **1985**, *318*, 162.

La méthode utilisée était la vaporisation du graphite sous l'effet d'un laser.

b) Les premiers travaux ont abouti à des résultats contradictoires, ce qui justifie cet article-ci.

c) Maity et al. ont fait appel à la radiolyse pulsée et à la radiolyse γ.

Dimitrijev et Kamat ont fait appel à la radiolyse pulsée et à la photolyse par flash laser.

d)

Maity et al.	50×10^{-6} mol l^{-1}	32 J kg^{-1}
Dimitrijev	$3{,}25 \times 10^{-6}$ mol l^{-1}	4,20 J kg^{-1}
		(Il est à noter que 1 Gy = 1 J kg^{-1})

e) Les deux fullérènes sont assez stables vis-à-vis de la radiolyse. Les deux groupes de chercheurs postulent un triplet en guise d'état excité.

f) Le C_{70} est plus stable que le C_{60}, mais tous deux sont plus stables dans le benzène que dans le cyclohexane.

27 Dissoudre $PdCl_2$ dans un minimum de 2,4,6-$Me_3C_6H_2NC$ à chaud. Filtrer et laisser refroidir, de manière à obtenir le précipité. Essorer les cristaux et sécher ceux-ci, dans un dessicateur, en présence de chlorure de calcium. (*Inorg. Chem.*, **1977**, *16*, 778, puis *J. Amer. Chem. Soc.*, **1938**, *60*, 882.)

INDEX

L'index que voici comporte trois parties, mettant ainsi en exergue les diverses façons d'utiliser ce livre. Chaque classification permet de repérer les exercices recherchés grâce au numéro de la page où ils se trouvent et à leur propre numéro (indiqué en caractères gras).

- L'index par **mots clefs** est une présentation tout à fait classique qui permet d'identifier les exercices selon la particularité du sujet abordé. La plupart des exercices sont conçus en vue d'illustrer des principes et reposent, de ce fait, sur des exemples bien précis. La classification a été de préférence focalisée sur les mots clefs relatifs aux principes plutôt que sur les domaines auxquels se rapportent lesdits exemples.

- Un index regroupant les diverses **disciplines** de la chimie répertorie les exercices selon les secteurs auxquels ils appartiennent : chimie inorganique, organique, analytique, etc. Certains exercices ont été rassemblés sous la rubrique « chimie générale », soit parce qu'il était difficile de les positionner ailleurs, soit parce que les notions qui y sont invoquées sont si fondamentales qu'elles relèvent manifestement de la chimie dite générale. D'autres exercices ont dû être répartis dans plusieurs disciplines en raison de la multiplicité des aspects dont ils traitent. Il est sans doute fort possible qu'un lecteur ou l'autre eût préféré opter pour une distribution différente de tous ces exercices au sein de cet index. C'est une question de point de vue que nous ne pouvons que respecter !

- Enfin, un index basé sur la **méthodologie** a été imaginé dans le but de faire ressortir les divers concepts qui apparaissent en filigrane dans ce livre. Nous souhaitons que les étudiants qui abordent l'étude de la chimie apprennent à réfléchir, et ceci est loin d'être une tâche « monodimensionnelle » ! Les entrées de cet index méthodologique permettent d'identifier les multiples facettes du processus de réflexion, au travers des divers exercices qui s'y rapportent avec le plus d'à-propos.

Mots clefs

Classification par secteurs des divers sujets abordés

Chimie générale 17/**2**, 18/**3**, 20/**7**, 21/**9**, 22/**11**, 23/**13**, 24/**15**, 26/**18**, 28/**23**, 29/**24**, 37/**2**, 39/**10**/**11**, 41/**18**, 45/**35**, 46/**40**, 53/**7**, 55/**9**, 56/**11**, 57/**12**, 61/**16**, 62/**17**, 64/**19**/**20**, 65/**21**, 66/**22**, 67/**23**, 73/**29**, 75/**31**, 76/**32**, 78/**34**, 83/**1**, 84/**2**, 84-116/**tous**, 120/**4**

Chimie analytique 16/**1**, 23/**13**, 25/**17**, 26/**19**, 28/**23**, 29**25**, 39/**9**, 43/**30**, 51/**3**, 56/**10**, 58/**13**, 59/**14**, 63/**18**, 67/**24**, 68/**25**, 70/**27**, 72/**28**,79/**35**, 80/**36**, 90/**5**/**6**, 101-108/**tous**, 121/**7**/**8**/**9**, 122/**12**, 125/**19**

Chimie inorganique 16/**1**, 17/**2**, 20/**6**, 21/**8**, 22/**10**/**11**, 25/**16**, 26/**19**, 30/**26**, 37/**2**, 38/**5**/**6**/**7**, 39/**9**/**10**, 40/**15**/**16**/**17**, 41/**19**/**20**, 42/**23**/**24**, 42/**25**/**26**, 43/**27**/**28**/**29**/**31**, 44/**32**, 45/**35**/**37**/**38**, 49/**1**, 50/**2**, 51/**4**, 53/**6**, 54/**8**, 83/**1**, 94/**2**, 99/**2**, 109/**1**, 110/**2**/**3**, 111/**6**, 112/**9**, 118/**1**, 119/**2**/**3**, 120/**4**/**5**, 121/**7**/**8**, 122/**10**/**11**/**12**, 123/**15**, **12519**/**22**, 126/**23**/**24**, 127/**25**/**26**, 128/**27**

Chimie organique 18/**4**, 19/**5**, 24/**14**/**15**, 25/**17**, 27/**21**, 28/**22**, 32/**29**/**30**, 37/**1**, 38/**3**/**4**, 39/**8**/**11**, 40/**14**, 41/**21**/**22**, 43/**30**, 44/**33**, 45/**36**/**39**, 51/3, 60/**15**, 69/**26**, 76/**33**, 80/**37**, 85/**4**/**5**, 89/**3**, 90/**5**/**6**, 94/**3**/**5**, 96/**6**, 97/**7**, 98/**8**, 118/**1**, 119/**2**, 121/**6**, 121/**8**/**9**, 122/**10**/**12**, 123/**13**/**14**, 124/**16**/**17**, 125/**20**/**21**/**22**, 126/**24**, 128/**28**

Chimie physique 17/**2**, 19/**5**, 21/**9**, 23/**12**, 26/**18**, 26/**19**, 27/**20**, 28/**23**, 29/**24**, 30/**26**/**27**, 31/**28**, 32/**30**, 39/**10**/**12**/**13**, 40/**16**, 41/**22**, 42/**25**, 43/**31**, 44/**33**/**34**, 45/**38**/**39**, 51/**5**, 56/**11**, 64/**19**, 66/**22**, 74/**30**, 90/**5**/**6**, 106/**3**, 111/**4**/**7**, 112/**8**, 118/**1**, 119/**3**, 120/**4**/**5**, 121/**7**, 124/**16**/**18**, 125**19**/**20**, 126/**23**/**24**, 127/**25**

Classement méthodologique

Méthodologie scientifique

Compréhension ou mise à profit de la logique 19/**5**, 20/**6**, 24/**15**, 25/**16**/**17**, 26/**19**, 27/**20**, 37/**1**/**2**, 38/**3**/**4**, 39/**9**/**10**/**12**, 41/**21**, 42/**23**/**24**/**25**/**26**, 43/**31**, 44/**33**, 45/**39**, 49/**1**, 53/**7**, 57/**12**, 62/**17**

Formulation ou vérification d'hypothèses 18/**3**, 20/**7**, 27/**21**, 32/**29**, 53/**6**, 56/**11**, 57/**12**, 64/**19**

Compréhension ou interprétation de faits évidents 16/**1**, 18/**3**, 20/**7**, 21/**8**/**9**, 22/**10**/**11**, 24/**14**/**15**, 25/**16**, 27/**21**, 28/**22**, 30/**27**, 31/**28**, 32/**29**, 37/**1**, 38/**6**, 39//**8**/**11**/**12**, 40/**14**/**15**/**17**, 41/**18**/**20**, 43/**30**, 45/**35**/**37**, 50/**2**, 51/**3**/**5**, 55/**9**, 60/**15**, 67/**24**, 97/**7**

Déduction et formulation de conclusions 20/**7**, 21/**8**, 25/**16**, 31/**28**, 37/**2**, 38/**5**, 39/**11**, 40/**15**, 41/**19**/**21**, 42/**23**/**25**/**26**, 43/**29**/**30**, 44/**32**/**33**, 46 /**40**

De la théorie à l'expérience et vice versa 22/**11**, 38/**3**/**4**/**5**/**6**/**7**, 39/**11**/**13**, 40/**14**/**15**/**16**/**17**, 41/**19**/**20**, 42/**23**/**24**/**25**/**26**, 43/**27**/**28**, 45/**39**, 64/**19**, 66/**22**, 85/**5**, 94/**1**, 107/**6**

Conception et planification d'expériences 19/**5**, 24/**15**, 32/**29**, 41/**22**, 64/**19**, 84/**3**, 85/**4**/**5**, 89/**4**, 90/**5**/**6**, 94/**2**/**3**, 96/**6**, 101/**2**/**3**, 102/**5**, 107/**5**, 111/**4**/**6**, 112/**9**

Traitement des données chiffrées

Langage scientifique

Imprimé sur les presses de la SNEL à Liège